TRINITY

Zum Buch Wie kann der Glaube Berge versetzen? Warum formt Geist Materie, und nicht umgekehrt? Wie unterscheidet sich die Wirkung von Intellekt und Emotion? Warum werden wir im Alter weiser? Wo sitzt das Bewusstsein? Ist ein Teil von uns tatsächlich unsterblich? Das sind fundamentale Fragen der Menschheit. Bisher wurden sie jenseits von Expertendiskussionen gar nicht, unzureichend oder falsch beantwortet. Der Normalbürger des dritten Jahrtausends ist über das, was wirklich hinter den Phänomenen des Lebens steckt, vollkommen uninformiert bzw. desinformiert. Dieter Broers gibt Einblicke in die tatsächliche Identität und Wirkweise unseres Bewusstseins. Dabei stellt er verfestigte Doktrinen auf den Kopf und sorgt mit klar nachvollziehbaren Schlussfolgerungen für Aha-Effekte. Kein anderes Buch vermittelt auf derart plausible Weise eine stimmige Grundphysik unserer Gedankenwelt und gesteht damit dem menschlichen Geist faktische Gestaltungskraft zu.

Zum Autor Dieter Broers, Jahrgang 1951, forscht bereits seit den 1980er-Jahren als Biophysiker auf dem Gebiet der Frequenz- und Regulationstherapie. Er leitete u. a. ein vom Bundesministerium für Forschung und Technologie gefördertes interdisziplinäres Forschungsprojekt, mit dem er wissenschaftliches Neuland betrat. Aufgrund seiner wissenschaftlichen Leistung wurde Dieter Broers in das *International Council for Scientific Development* (ICSD) berufen, dem u. a. 100 Nobelpreisträger angehören. Seit 1997 arbeitet Dieter Broers als Direktor für Biophysik innerhalb des ICSD und ist im *Committee for International Research Centres* vertreten.

Als Autor verfasste er u. a. die Bestseller »(R)evolution 2012. Warum die Menschheit vor einem Evolutionssprung steht« und »Checkliste 2012. Sieben Strategien, wie Sie die Krise in Ihre Chance verwandeln«. Dieter Broers lebt und arbeitet in Österreich und Griechenland. *www.dieterbroers.info*

DIETER BROERS

Gedanken erschaffen Realität

DIE GESETZE DES BEWUSSTSEINS

TRINITY

2. Auflage

Völlig neubearbeitete und aktualisierte Ausgabe von
»Die Realitätenmacher. Die Physik des Bewusstseins«,
erschienen 2005 bei Trinity.

Umschlaggestaltung und Motiv: David Hauptmann,
Hauptmann & Kompanie Werbeagentur, Zürich
Satz: BuchHaus Robert Gigler, München
Druck und Bindung: Bercker, Kevelaer
ISBN 978-3-941837-17-1

www.trinity-verlag.de

Inhalt

Vorwort

Ich schätze mich glücklich, Ihnen ein Buch vorzustellen, das eine bahnbrechende Wirkung im Bereich der Wissenschaft erzielen wird. Es wird dem empirischen Materialismus und Behaviorismus die Existenzberechtigung entziehen – auf eine leise, aber umso zwingendere Art. Ein altes Paradigma wird ersetzt durch einen gelungenen wissenschaftlichen Erklärungsweg, der die Basis für Humanität und Menschenfreundlichkeit bietet.

Im Laufe der Geschichte war oft Unwissenheit die Ursache für Machtexzesse und Grausamkeiten. Doch der dumpfe, sich selbst beschränkende Materialismus wird in Zukunft nicht mehr ohne Widerspruch bleiben können. Er wird als Ausdruck geistiger Bequemlichkeit verworfen werden. Immer mehr Menschen protestieren innerlich gegen die akademische Arroganz, mit der ein notwendiger Phasenübergang von physikalischen Erkenntnissen zu spirituellen Gewissheiten verweigert wird. Es ist Zeit für eine Umkehr. Der Lohn wird der weite Blick vom Gipfel sein – nach einem mühsamen Aufstieg.

Natürlich kann man auch beschließen, im Tal zu bleiben und die Transzendenz zu meiden. Doch die Menschheit steht am Abgrund, und Heilung ist dringend notwendig. Dieses Werk enthält die Impulse dafür. In einer Epoche massiver Umwälzungen stellt Dieter Broers in Bezug auf die menschliche Existenz die Frage nach dem Warum. Seine Antwort ist ebenso klar wie eindringlich: Es ist die persönliche Verantwortung. Getragen wird sie durch die sichtbare Verknüpfung mit den uns umgebenden Wesenheiten und Wirkmächten, durch ein kosmisches Bewusstein, das sich seiner erschaffenden Kräfte sicher sein kann. Eine neue Seite im Buch des menschlichen Bewusstseins wird aufgeschlagen. Lesen wir darin!

Dr. med. Leo Steib

Einleitung

Vor einigen Jahren las ich einen Satz, der mich sofort in seinen Bann zog: »*Mit der Ruhe der Seele und einem gelassenen Herzen wirst du auch die schwierigsten Hürden meistern.*« Intuitiv fühlte ich mich angesprochen von diesen Worten. Sie vermitteln, was immer mehr Menschen ahnen: Der Verstand allein ist es nicht, der uns in unserer persönlichen Entwicklung beflügelt. Wir mögen mithilfe von Büchern Wissen ansammeln, in Seminaren neue Denkhorizonte erschließen oder uns durch Begegnungen inspirieren lassen – dennoch spüren wir, dass Herz und Seele beteiligt sein müssen, wenn wir uns auf den Weg der inneren Transformation begeben, wenn wir Weisheit suchen, vielleicht sogar Erleuchtung. Wie aber beschreiten wir diesen Weg? Wie finden wir zur Ruhe der Seele und zu einem gelassenen Herzen?

Unsere westliche Kultur macht uns die Suche nicht gerade einfach. Wir sind geprägt von der Überzeugung, dass uns mit der Ratio eine Schlüsselkompetenz zum Verständnis der Welt gegeben sei. Vor allem Logik und Analyse gelten als taugliche Instrumente der Welterschließung. Individuelle Wahrnehmungen oder gar Gefühle werden dagegen als subjektive Blickwinkel verworfen. Welcher Wissenschaftler würde schon eine Studie veröffentlichen, die auf seelischen Empfindungen basiert? Und welcher Leitartikler würde sich auf die Wahrheit seines Herzens berufen, wenn er ein Problem beleuchtet und bewertet? In einer Gesellschaft, die Fakten, Zahlen und andere messbare Details für relevant hält, hätten weder der Wissenschaftler noch der Journalist eine Chance – sobald sie den Pfad der reinen Rationalität verlassen.

Dabei ist den wenigsten klar, dass die Realität keineswegs eine feste empirische Größe ist. Das Gegenteil ist der Fall. Pointiert gesagt: Unser Gehirn ist es, das die Realität erschafft. Es erzeugt unentwegt Projektionen, die wir für wirklich halten und die wir durch Wiederholung zementieren. So entsteht eine subjektive Normalität. Allmählich stellt sich Routine im Umgang mit dieser selbst erzeugten Wirklichkeit ein, bis wir sie nicht mehr hinterfragen. Wie Roboter, die nur innerhalb der Grenzen ihres festgelegten Programms agieren können, folgen wir unseren festen Strukturen und selbst erschaffenen Abläufen.

Der Mensch, ein Roboter? Ich gebe zu, dass die Diagnose eines programmierten Maschinenwesens nicht gerade schmeichelhaft für die Spezies Homo sapiens ist. Dennoch gilt sie für Millionen von Menschen. Täglich folgen sie den gleichen Gewohnheiten und den gleichen Rhythmen. Täglich unterwerfen sie sich den eingefahrenen Mechanismen des Denkens und Handelns, unfähig, sich selbst als Objekte der eigenen Realität zu erkennen. Möglich wird das, weil sie wichtige interaktive Fähigkeiten ausblenden: instinktive Wahrnehmungen beispielsweise, authentische Reaktionen oder die Kraft der Intuition. All das wurde uns biologisch als uraltes menschliches Erbe mitgegeben. Doch diese Fähigkeiten schlummern, überlagert von den Geboten des Verstandes. Er hat die Macht übernommen und diktiert die gesamten Lebensabläufe.

Ich beobachte häufig Menschen, wenn ich im Straßencafé oder auf einer Parkbank sitze. Oft wirken sie getrieben, nahezu ferngesteuert, nicht aber wie souveräne Individuen, die ihr Leben in der Hand haben. Ich halte dies für das Symptom einer Gesellschaft, die den einzelnen Menschen und die Fülle seiner Möglichkeiten empfindlich einschränkt. Ist er erst einmal auf seine eigene kleine Welt konditioniert, verfolgt er sein Handlungsschema mit nahezu manischer Beharrlichkeit. Alles, was die Routine stört, wird dabei ausgegrenzt und abgelehnt. Wer sich aber nach außen hin abschottet, verliert allmählich den Kontakt zur Außenwelt, bis er innerlich vereinsamt. Derart isoliert und unfrei geworden, kann sich das Individuum der Welt nicht mehr öffnen und reagiert auf andere Menschen mit zunehmender Distanziertheit.

Diese Vereinsamung wird durchaus als Unbehagen empfunden, ohne dass jedoch die Gründe immer durchschaut werden. Auf einer unbewussten Ebene sucht der Betroffene dann nach Möglichkeiten, seine Einsamkeit zu kompensieren. Optionen dafür gibt es genug. Die westliche Industriegesellschaft bietet ihm mit offensivem Konsum und vielerlei Freizeitaktivitäten nahezu unbegrenzte Ablenkungen. Doch all das kann die Defizite nur überdecken, nicht lösen. Im irrigen Glauben, dann sei eben ein Mehr an Konsum und Zerstreuung nötig, wird die Kompensation auf die Spitze getrieben – »immer mehr, immer schneller« heißt die Devise. Doch wir alle wissen: Erfüllte Wünsche und erreichte Ziele mögen uns eine gewisse Zeit befriedigen, dauerhafte Glückseligkeit jedoch bescheren sie uns nicht. Ist ein ersehnter Gegenstand gekauft, sind die anvisierten Ziele zum Greifen nah, lockt bereits der nächste Wunsch. So hasten wir von Höhepunkt zu Höhepunkt und bemerken nicht, dass unsere Seele und unser Herz davon unberührt bleiben. Da ist keine innere Freude, kein Leuchten, keine Erfahrung eines tieferen Sinns, nur oberflächlicher Aktionismus.

Selten wird dieser Circulus vitiosus unterbrochen. Dafür ist schon ein Anlass nötig, ein besonderes Erlebnis, leider häufig ein negatives. Wenn traumatische Schicksalsschläge uns an die Grenzen des Schmerzes führen, wird der Zirkel instabil. Alles, was Halt und Orientierung in der selbst erschaffenen Wirklichkeit gab, bricht zusammen. Jeder, der dies einmal erlebt hat, weiß, dass dann Ängste aufkommen. Doch er macht auch eine ganz neue Erfahrung: Plötzlich ist es ihm möglich, die eingefahrenen Bahnen zu verlassen. Er wird geradezu gezwungen, eine Standortbestimmung vorzunehmen: Wer bin ich? Was macht mich als Individuum aus? Gibt es noch eine andere Welt als die, in der ich mich so sicher bewegt habe? Kann ich mir andere Wirklichkeiten erobern?

Diese komplexe Sichtweise ist ein Geschenk, so dramatisch die Schicksalsschläge auch zunächst erscheinen mögen. Übergroßes Leid und scheinbar unlösbare Konflikte führen uns über die Grenzen des Verstandes hinweg auf die andere Seite. Die eindimensionale Perspektive weicht einer neuen Offenheit. Nicht wenige Menschen beschreiben die Folgen als bahnbrechend, weil sie auf einmal mit ihren wahrhaftigsten

Gedanken und Gefühlen konfrontiert werden. In solchen Momenten offenbart sich ein Phänomen, das man mit dem Wort »loslassen« beschreiben kann. Wenn die Herrschaft des Verstandes infrage gestellt wird, erschließt sich dem ureigenen Selbst die ganze Fülle seiner Eigenschaften und Fähigkeiten: Zum ersten Mal erfährt es die Ganzheitlichkeit des Seins.

Von jeher haben sich die Menschen mit der Frage beschäftigt, wie sie Denkbarrieren überwinden und neue Bereiche des Wissens erlangen könnten. Während schicksalhafte Einschnitte diese Neuorientierung schmerzhaft einfordern, haben viele Kulturen spirituelle Rituale entwickelt, mit denen sie einer ganzheitlichen Betrachtungsweise näherkommen. Chinesische und japanische Zen-Meister setzen beispielsweise seit Jahrhunderten sogenannte Kōans ein, um ihre Schüler zu einer spontanen Erleuchtung zu führen. Kōans sind Meditationsaufgaben, die nicht durch logische Überlegungen gelöst werden können. Sie überwinden die Dominanz der Ratio, weil sie einer mentalen Provokation gleichen. Oft sind es einfache Sätze, die den Schülern gegeben werden. Ein berühmtes Kōan lautet: »Im Wasser stehend, leiden wir Durst.« Es ist ein Paradoxon, das erst durch meditative Versenkung seine Weisheit preisgibt – als Philosophie der Achtsamkeit. Denn mancher sieht nicht das Wasser, in dem er steht, und klagt über Durst, statt sich an dem zu erfreuen und das zu nutzen, was ihm geschenkt wurde.

Die Zen-Philosophie gilt nicht von ungefähr als Tor zur authentischen Wahrnehmung, bei der Herz, Verstand, Gefühl und Seele in Balance gebracht werden. Doch der Erfahrungsschatz solcher spirituellen Lehren ist in der Gesellschaft von heute weitgehend verloren gegangen. So bedürfen wir meist eines Schocks oder Traumas, um uns in eine ganzheitliche, bewusste Existenzform erheben zu lassen: durch eine Krankheit, den Tod eines nahestehenden Menschen, durch Jobverlust oder einen Unfall. Auch wenn nicht jeder als Erleuchteter aus solchen Lebenskrisen hervorgehen mag, so haben doch viele erlebt, dass sie dem verborgenen Ziel erlösender Glückseligkeit dadurch wesentlich näher gekommen sind. Diese Glückseligkeit hat etwas mit Befreiung zu tun. Sie eröffnet eine Wahrnehmungsperspektive, die den Menschen aus seiner Vereinsamung herauslöst. Als lichte sich dichter Nebel, erkennt er die naturgegebene Verbindung zwischen sich und dem großen Ganzen.

Eine ganzheitliche Sichtweise führt im Idealfall zu Erkenntnissen, die unsere Denk- und Handlungsweise fundamental verändern. Erkennen und Auflösen sind daher die Schritte zur wahrhaften Befreiung. Die Erkenntnis könnte lauten: Ich begreife, dass ich als automatisiertes Wesen mein Menschsein nicht ausleben kann. Die Auflösung könnte sich in folgendem Satz ausdrücken: Ich verstehe mich fortan als aktiven Teil eines kosmischen Ganzen. Es ist eine unendlich freudige Erfahrung, wenn man nicht mehr nach Orientierung suchen muss, sondern sich im Kosmos als einer erschaffenden und schützenden Matrix aufgehoben fühlt. Man wird nie wieder einsam sein, nie wieder wird man falschen Wünschen hinterherlaufen oder zerstörerische Verhaltensformen zulassen.

Auf dem Weg dorthin gilt es allerdings, einige Hindernisse zu überwinden. Zu den wichtigsten gehören das Ego und der Intellekt. Diese beiden Sphären des Ichs haben in unserer Gegenwart eine enorme Bedeutung gewonnen. Während es immer wieder historische Phasen gab, in denen der Gemeinsinn im Vordergrund stand, leben wir heute im Zeitalter des Egos. Es gilt als Garant für Durchsetzungsfähigkeit im Überlebenskampf und wird oft fälschlicherweise als charakterliche Stärke interpretiert. Der Intellekt wiederum gilt als Königsweg bei der Entschlüsselung der existenziellen Codes: Was macht unser Menschsein aus? Wie lösen wir Probleme? Wie planen wir eine funktionierende Gesellschaft? Sowohl Ego als auch Intellekt haben jedoch eine stark einengende Wirkung auf die Wahrnehmungsfähigkeit. Gleichsam mit Scheuklappen wird die Realität durchmessen, zielorientiert, ohne einen Blick für Alternativen.

Steht das Ego infrage, durch Krankheiten oder Misserfolge, reagiert es alarmiert. Wie ein Regisseur gibt es dem Selbst Anweisung, die alten Strukturen aufrechtzuerhalten. Der Einflussbereich des Egos reicht so weit, dass es sogar körperliche Beschwerden hervorruft, wenn es gekränkt ist. Auch der Intellekt rebelliert, wenn einem Menschen aus heiterem Himmel Unglück widerfährt. Er sucht nach plausiblen Erklärungen und logischen Argumentationsketten. Und das so lange, bis der Betroffene neben seinem Leid zusätzlich die Schuld bei anderen oder bei sich selbst sucht. Der Mensch hadert mit seinem Schicksal, ersinnt auf intellektuellen Bahnen Auswege – und kommt doch nicht zur Ruhe.

Zugegeben: Solche Phasen gehören zu den schwierigsten Herausforderungen des Lebens. Meistern können wir sie nur, wenn wir dem Motto »erkennen und auflösen« folgen.

Dieses Buch gibt Ihnen Aufschluss darüber, wie wir unsere Realität konstruieren, wie wir unser Denken und Handeln durchschauen können und wie wir schließlich die Herrschaft von Ego und Verstand überwinden. Sie werden die Funktionsweise des Gehirns kennenlernen und verstehen, welche Wechselwirkungen zwischen Gehirn und Realität zu einem entfremdeten Leben führen. Exkurse aus Natur- und Geisteswissenschaften werden Ihnen verblüffende Einblicke verschaffen, die Sie möglicherweise irritieren werden, weil viele Ihrer Gewissheiten ins Wanken geraten. Seien Sie unbesorgt. Auch Irritationen gehören zu den mentalen Provokationen, die Sie am Ende befreien werden. Sie werden feststellen, dass Sie starre Muster mit Leichtigkeit durchschauen und verlassen können, weil Sie nach und nach lernen, nicht nur Ihren Verstand zu benutzen. Ihre Seele wird in den Vordergrund rücken, Ihr Herz, Ihre Intuition. Auch Ihr Ego wird noch ein paar Rückzugsgefechte veranstalten und versuchen, die ungewohnten Erkenntnisse herunterzuspielen. Doch dabei wird es nicht bleiben. Ihre Wahrnehmung wird sich verändern. Sie werden begreifen, dass das, womit Sie sich bisher identifiziert und was Sie für Ihr Selbst gehalten haben, nur eine Täuschung war. Stattdessen werden Sie einen anderen Seins-Aspekt in sich entdecken, jenseits des künstlich erschaffenen Ichs.

Erkenntnisprozesse dieser Art sind in der Regel von starken Emotionen begleitet. Dazu gehören die Furcht wie die Freude, die Verunsicherung wie die Erleuchtung. Scheuen Sie sich nicht, solche Emotionen anzunehmen und auszuhalten. Sie sind ein Zeichen dafür, dass die Demaskierung des künstlichen Selbst begonnen hat. Vergessen Sie bitte nie: Unabhängig von unserer bewusst erfahrenen Seinsform gestalten unsere Gedanken unsere Realität. Auf der Bühne dieser Wirklichkeit findet nur statt, was wir selbst erschaffen haben. Nun stellen Sie sich vor, dass sich im Hintergrund der Bühne ein Vorhang öffnet und den Blick auf eine unendliche Landschaft freigibt – wer würde da nicht einen freudigen Schreck empfinden? Gehen Sie mit dieser intuitiven Erkenntnis wie mit einem kostbaren Schatz um. Verinnerlichen Sie diese Bilder. Sie werden feststellen, dass sie sich viel leichter verankern als Bilder, die einem bloßen Gedankenkonstrukt entspringen.

Emotionsgetragene, intuitive Bilder tragen eine erschaffende Kraft in sich. Ein Beispiel mag das erhellen: Stellen Sie sich vor, man brächte Ihnen einen Zaubertrick bei, der Sie in die Lage versetzte, alles zu realisieren, was Sie wollen, fühlen oder als inneres Bild sehen. Diese Erfahrung würde genügen, um anschließend auch ohne jeden Trick Ihr erschaffendes Potenzial zu aktivieren. Sie würden dann über ein gesichertes, verinnerlichtes Wissen Ihres Schöpfungspotenzials verfügen, und Sie würden fortan auf einer hohen Bewusstseinsstufe handeln. Es ist ein völlig anderes Wissen als das, was wir mit dem Verstand sammeln und anwenden können. Simpel ausgedrückt: Etwas einfach nur zu verstehen reicht nicht aus. Intellektuelles Begreifen und intuitives Wissen sind weit voneinander entfernt. Was unterscheidet uns von einem Uri Geller oder einem Sai Baba? Was unterscheidet einen normalen Traum von einem Klartraum? Es ist das verinnerlichte Wissen um die eigenen Fähigkeiten. Aus diesem Grunde sind wir aufgefordert, Wege des Wissens zu beschreiten, auf denen wir zu unserem unermesslichen Schöpfungspotenzial gelangen.

Unser Gehirn ist keine Speichermaschine. Es ist ein komplex vernetztes System, in dem Wechselwirkungen zwischen Erfahrungen, Bewertungen, Gedanken und Emotionen stattfinden. Reduzieren wir jedoch die Funktionen des Gehirns allein auf intellektuelle Vorgänge, so blenden wir alles aus, was an schöpferischen Fähigkeiten darin angelegt ist. Es ist also vor allem eine Frage unseres persönlichen Bewusstseins, ob wir begrenzt oder in unendlichen Dimensionen leben und handeln. Im Kern geht es dabei um die Erkenntnis, dass Geist und Materie eine Einheit bilden. Lange wurde diese Tatsache geleugnet. Man sprach von der unbelebten Materie und einer geistigen Sphäre, die gleichsam darüberschwebe. Die neuere Naturwissenschaft dagegen konnte nachweisen, dass sich Geist und Materie in einem permanenten Austausch befinden und dass letztlich nicht mehr zwischen Geist und Materie unterschieden werden kann. Die Quantenphysik beispielsweise kennt Experimente, in denen alle beteiligten Größen nur noch als Energie fassbar sind.

Während die klassischen Geisteswissenschaften oft noch von getrennten Sphären sprechen, heben die avancierten Naturwissenschaftler die Grenze zwischen Geist und Materie auf. Was sie damit einleiten, ist ein neues Weltbild. Denkt man ihre Forschungsergebnisse weiter, so wird offenbar, dass der menschliche Geist alles zu formen und alles zu verändern vermag. In den folgenden Kapiteln werden Sie daher eine Fülle von Forschungsansätzen und Erkenntnissen aus unterschiedlichen Fachbereichen finden, die Sie auf einzigartige

Weise zu Ihren eigenen Potenzialen führen werden. Sie sollten die Chancen nutzen, die sich Ihnen dadurch bieten. In einer Welt, die immer unübersichtlicher wird und in der sich Krisen globalen Ausmaßes abzeichnen, fragen sich viele, welche Kräfte eine positive Veränderung bewirken können. Die Antwort ist revolutionär: Jeder einzelne Mensch ist durch sein Bewusstsein in der Lage, das große Ganze mitzuformen und mitzugestalten. Wer seine geistige Energie von Ego und Intellekt befreit und stattdessen sein intuitives Wissen einsetzt, kann die Wirklichkeit zum Besseren verändern. Und nicht zuletzt kann er ein erfülltes und selbstbestimmtes Leben führen. In diesem Sinne wünsche ich Ihnen eine anregende Lektüre.

1. Unvergesslich – Erinnerungen auf Abruf

Unser Bewusstein konstituiert sich durch ein komplexes Zusammenwirken von Wahrnehmung, Selbstwahrnehmung, Feedbacks und Grenzerfahrungen. Ohne das Gedächtnis jedoch könnten diese Faktoren nicht sinnvoll verknüpft werden. Erst das Gedächtnis erlaubt es uns, neue Erfahrungen mit früheren zu vergleichen und sie anschließend zu bewerten. Dies ist ein Grundprinzip des Bewusstseins. Alle unsere Erlebnisse, Erfahrungen und Erkenntnisse werden aber nicht nur in unser Gedächtnis eingeprägt, sie sind dort auch für immer aufgehoben. Ja: Sie gehen niemals verloren. Das mag Sie überraschen, weil Sie nur zu oft erlebt haben, dass Sie eine Telefonnummer, einen Namen oder sogar ganze Episoden Ihrer Biografie vergaßen. Bestimmte Erinnerungen waren wie ausgelöscht. Doch dieser Eindruck täuscht. Sie waren nicht gelöscht wie Daten auf einer Festplatte, sie konnten lediglich nicht abgerufen werden. Das heißt, dass es sich nicht um Erinnerungsverluste handelte, sondern um Schwierigkeiten, bestimmte Erinnerungen zu aktivieren.

Dieser Unterschied leuchtet sofort ein, wenn Sie daran denken, dass einem das Gesuchte oft schon wenig später wieder einfällt. Entweder taucht es wie aus dem Nichts wieder auf, oder jemand hilft unserer Erinnerung auf die Sprünge. In beiden Fällen war das Gespeicherte nur verdeckt. Es gibt vielfältige Gründe dafür, warum Erinnerungen nicht immer spontan zugänglich sind. Manchmal sind sie überlagert von einer intensiv erlebten Gegenwart, manchmal werden sie auch unbewusst verdrängt, weil sich die Psyche auf diese Weise vor der Präsenz unangenehmer oder traumatisierender Erlebnisse schützt. Anders verhält es sich bei Menschen, die an Demenz oder Alzheimer erkrankt sind. Diese Krankheitsbilder entstehen durch physiologische Prozesse, besonders durch Stoffwechselstörungen im Gehirn, die den Zugang zum Gedächtnis versperren.

Alzheimer und Demenz sind tückische Krankheiten. Zunächst ist das Kurzzeitgedächtnis betroffen; der Patient fragt mehrmals in der Stunde nach der Uhrzeit, während seine Kindheitserinnerungen noch intakt sind. Danach fällt auch das Langzeitgedächtnis aus. Der Grund sind Proteinablagerungen im Gehirn, sogenannte Plaques, die normale neuronale Abläufe verhindern. Ähnlich wirken auch Fibrillenbündel aus Tau-Proteinen, die man bei Alzheimerpatienten fand. Zugleich sterben Neuronen ab, was zu einer Abnahme der Gehirnmasse (sogenannte Hirnatrophie) führt. Da begleitend ein für die Hirnfunktion unerlässliche Botenstoff, das Acetylcholin, nur noch unzureichend produziert wird, vermindert sich die Leistung des Gehirns fortschreitend bis hin zu vollkommener Konfusion. Die einfachsten Tätigkeiten können nicht mehr vollzogen werden, weil sich die Patienten nicht mehr daran erinnern, wie man kocht, wie man sich wäscht oder wie man eine Tasse hält. Dennoch sind ihre gesamten

Gedächtnisinhalte vollständig erhalten, lediglich der Zugriff bleibt diesen Personen verwehrt. Man könnte auch sagen: Alzheimerpatienten verlieren in einem schleichenden Prozess den Kontakt zu ihrer über viele Jahre aufgebauten Realität.

Weltweit sind heute 35 Millionen Menschen von Demenz betroffen. Über eine Million sind es allein in Deutschland, zwei Drittel von ihnen leiden unter Alzheimer. Der demografische Wandel in Gestalt einer Überalterung der Bevölkerung führt dazu, dass diese Zahl rasant zunimmt. Gelingt kein Durchbruch, was Prävention und Therapie betrifft, wird die Zahl der Erkrankten allein in der Bundesrepublik im Jahre 2050 auf 2,6 Millionen angestiegen sein, schätzt die Deutsche Alzheimer Gesellschaft. Es ist eine gespenstisch anmutende Prognose, denn inzwischen weiß fast jeder durch Fälle in Familie oder Bekanntenkreis, wie tragisch das schrittweise Abschiednehmen von einem geliebten Menschen ist. Tritt die Vorhersage ein, würden ganze Bevölkerungsschichten ins Vergessen sinken. Und eine noch größere Gruppe von Menschen müsste die Pflege- und Trauerarbeit leisten. Ist das die Zukunft, mit der wir uns abfinden müssen?

Mitte des Jahres 2010 ereignete sich eine überraschende Wende in der Demenzforschung. Neue Erkenntnisse der Quantenphysik und der Regulationsmedizin ließen aufhorchen. Um deren Therapieansätze zu verstehen, müssen wir uns vergegenwärtigen, welche Entwicklung das menschliche Gehirn durchläuft. Wenn wir auf die Welt kommen, besteht unser Kopfinneres überwiegend aus einer zerebrospinalen Flüssigkeit. Hierbei handelt es sich um eine Substanz, die sich Neuro-Glia nennt. Der restliche Anteil – etwa 10 bis

15 Prozent des restlichen Gehirnvolumens – entfällt auf unser limbisches System. Dieser evolutionär älteste Gehirnbereich bildet sich beim Fötus als erster aus und gewährleistet die lebenserhaltenden Funktionen des Körpers, wie Herzschlag und Atmung. Das limbische System umfasst mehrere Gehirnsegmente, unter anderem den Hippocampus und die Amygdala. Es steuert vor allem emotionale Bewertungen und das Triebverhalten, spielt aber auch in Wechselwirkung mit anderen Gehirnarealen eine gewisse Rolle bei intellektuellen Vorgängen.

Bemerkenswert ist, dass sich bei der geburtlichen Entwicklung des Gehirns die Neuronen erst sukzessive bilden. Mit jedem Sinnesreiz, mit jeder Erfahrung strukturiert sich die Glia-Masse in Neuronen und ihren Verschaltungen. Wir werden also nicht mit einem »fertigen« Gehirn geboren; vielmehr wird es von Umweltreizen, Erfahrungen und Empfindungen geformt, die von außen auf uns einwirken. Das ist fortan unsere Wahrnehmungsmatrix. Während sich also dieser große Bereich des Gehirns ausbildet, wird jeder Mensch – seinen ganz einzigartigen Erfahrungen entsprechend – anders konditioniert. Aufgrund solcher individuellen Eindrücke erhalten sieben Milliarden Menschen sieben Milliarden unterschiedliche Gehirn-Designs, die Denken, Fühlen, Wahrnehmen und Bewerten zu einer höchst subjektiven Angelegenheit machen. So ist auch erklärlich, warum jedes Individuum einen Gegenstand oder eine Situation anders wahrnimmt: Jeder Mensch verfügt über eine Wahrnehmung, die seiner ganz persönlichen Prägung entspricht.

Denkhaltungen und Reaktionsmuster ergeben sich also

aus neuronalen Verschaltungen, die durch Gelerntes, Erlebtes und auch Erlittenes in der Kindheit geknüpft wurden. Unter diesem Aspekt ist besonders wichtig, welche Erfahrungen ein Kind in den ersten Wochen und Monaten nach seiner Geburt macht, denn primär sind es die ersten Sinnesreize, die sein Gehirn strukturieren. Später zeigt sich die individuelle Gehirnausbildung unter anderem als Charakter, Temperament und Wahrnehmungsdifferenzierung. Oft wird das als Konfliktpotenzial empfunden, da verschiedene Ausdeutungen von Wirklichkeit einen Konsens erschweren. Musik, die einer als angenehm empfindet, beurteilt der andere als störendes Geräusch. Verhaltensweisen, die jemand als angemessen betrachtet, werden von seinem Gegenüber möglicherweise empört zurückgewiesen. Neben erlernten und kulturell verbindlichen Verhaltensmustern sind es speziell die hirnphysiologischen Unterschiede, die hier zum Tragen kommen.

Die moderne naturwissenschaftliche Forschung geht nun noch einen Schritt weiter. Während man traditionell Gedanken, Emotionen und Erinnerungen im Gehirn lokalisierte, haben avancierte Physiker diese Annahme mit einer weiteren, bahnbrechenden Theorie ergänzt. Sie kamen zu der Erkenntnis, dass das Konvolut unserer geistigen Tätigkeiten und im Besonderen das Gedächtnis primär nicht im Gehirn gespeichert sind, sondern dass das Gehirn lediglich als eine Art Antenne fungiert. Es empfängt demnach Gedanken und Erinnerungen aus einem außerhalb von uns liegenden, unsichtbaren Informationsraum. Wenn wir reflektieren und dabei unser Gedächtnis bemühen, laden wir quasi unsere Erinnerungen aus jenem Informationsraum herunter. Der

Physiker Burkhard Heim nannte ihn Hyperraum und lokalisierte ihn innerhalb seines Dimensionenmodells in den Dimensionen X7 und X8.

Bei sämtlichen Denkvorgängen, so Heim, rufen wir geistige Inhalte aus dem Hyperraum ab, der unabhängig von Ort und Zeit existiert. Deshalb können wir davon ausgehen, dass Informationen nie verloren gehen können. Natürlich stellt sich nun die Frage, was sich denn in diesen Hyperraum »einkoppelt«. Unser Ich? Unser Bewusstein? Unsere Psyche? Heim beantwortete die Frage zweifelsfrei: unser Geist. Der Physiker verortet auch den Geist nicht im physischen Körper des Menschen, sondern in noch höheren Dimensionen, die er von X9 bis X12 beziffert. Die Definition des Geistes unterwirft er entsprechend einer weiteren Differenzierung: Zum einen agiert der Geist auf einer steuernden Ebene, die unsere Körperfunktionen gewährleistet, zum anderen auf einer Ebene, die physiologischen Prozessen übergeordnet ist. Diese zweite Ebene wird aktiviert, wenn wir reflektieren, wenn wir uns also über existenzielle Grundbedürfnisse hinaus in die Zonen des reinen Denkens und der Selbstwahrnehmung begeben.

Unser geistiges Selbst fungiert in diesem Zusammenhang als auswählendes Prinzip. Nur so ist Selbstwahrnehmung überhaupt möglich. Der materielle Körper übernimmt dabei die Aufgabe der Hardware, Denken und Wahrnehmen sind entsprechend eine Software, die im Gegensatz zum Körper unendlich weiterentwickelt werden kann. Das ist ein entscheidender Punkt für die Überlegung, warum der Mensch als einzige irdische Spezies ein Bewusstsein für sich selbst haben kann. Ein Affe mag Gefühle besitzen und sowohl Zuneigung als auch Abneigung spüren können, reflektieren aber kann er diese Gefühle nicht. Diese Fähigkeit ist allein uns Menschen vorbehalten. Unser normales Denken ist jedoch nur eine re-aktive Handlung. Hier fungiert der Geist letztlich – wenn überhaupt – als Beobachter. Hier übernehmen die Assoziationsgesetze ihre Funktion. Dieses Denken stimmt uns Menschen nur teilweise auf die wahrhaftige Natur ein, es entfremdet sie im Gegenteil sogar. Das re-aktive Denken ist letztlich eine »versteinerte« Form des Bewusstseins, die immer nur im Bereich des »Bekannten« operiert und daher per definitionem nicht kreativ ist. Die höchste Wirklichkeit entsteht jeden Moment neu. Andererseits sind wir auf diese Eigenschaften unseres Denkapparates angewiesen. Wie sonst sollten wir unsere Lebensfunktionen aufrecht erhalten? Von besonderer Bedeutung ist, dass wir unsere Denkvorgänge auch als voll bewusste Entscheidungshilfe nutzen können.

Grundsätzlich können wir die Gabe der Reflexion ausprägen, weil wir uns über unsere individuelle Erfahrungsmatrix hinaus ständig in Resonanz mit dem übergeordneten Erfahrungs- und Informationsspeicher befinden. Vor allem im bewussten Wachzustand erfolgt permanent ein Abgleich zwischen den empfangenen und erfahrenen Informationen, wobei nur ganz bestimmte Informationen in die bewusste Wahrnehmung vordringen. Unsere persönlichen Programme wirken wie ein permanenter Filter für das, was wir zulassen, und das, was wir ausblenden. Wir haben zwar prinzipiell unbegrenzten Zugang zum Hyperraum, unsere individuelle Disposition aber entscheidet darüber, welche Gedanken und Informationen in unser Bewusstein strömen. Große Informationsmengen gelangen gar nicht erst in unser Denken und Fühlen, weil wir sie für uninteressant oder unwichtig halten.

Wie aber erfolgt der Kontakt zum Hyperraum? Nach jüngstem Forschungsstand nimmt zunächst unser Kurzzeitgedächtnis die Gedankeninhalte auf, sofern sie den ersten Filter passiert haben. Dann erfolgt eine zweite Filterung, die situationsabhängig ist. Wenn wir beispielsweise mit hoher Geschwindigkeit auf der Autobahn fahren, werden unsere Sinne mit sehr vielen Eindrücken überflutet, die wir schon nach wenigen Minuten wieder vergessen haben. Sie waren in der konkreten Situation einfach nicht relevant, weder die Hochhäuser am Straßenrand noch der Vogelschwarm, der hoch oben über die Straße flog. Immerhin hält unser Kurzzeitgedächtnis auch diese Daten noch für etwa zwei Minuten fest. So lange braucht das Gehirn, um zu entscheiden, ob wir in der Datenflut nicht doch noch etwas Brauchbares finden könnten. Das wird dann, wie alle wichtigen und interessanten Informationen, in unserem Langzeitgedächtnis respektive im Hyperraum abgelegt. Hier wird es für immer einen festen Platz haben, in einer zeitlosen Informationsdimension. Mit unseren Kurzzeitgedächtnisinhalten verhält es sich anders. Hier werden Informationen primär durch unsere »Hardware« gespeichert.

Wie anfangs erwähnt, kann das Bewusstsein ohne ein Gedächtnis nicht existieren. Ohne Erinnerungsfähigkeit würden die kontinuierliche Selbstwahrnehmung und Selbstreflexion in Einzelteile zerfallen. Deshalb ist zunächst eine geeignete Hardware erforderlich, die Voraussetzungen für zuverlässige Zwischenspeichervorgänge bietet – der materielle Erinnerungsspeicher des Gehirns. In der Computersprache entspricht dieser Pufferspeicher dem Cache. Beim Computer befindet er sich im Hauptprozessor, auf der Central Processing Unit (CPU). Auf den Menschen übertragen, könnte man sagen: Wie im Cache eines Computers werden unsere Erinnerungen zwischengespeichert. In unserem Gehirn übernimmt der Hippocampus diese Funktion, also ein Hirnareal des limbischen Systems. Es ist allerdings ausschließlich für das Kurzzeitgedächtnis verantwortlich, nicht für das Langzeitgedächtnis. Diese Aufgabe fällt anderen Hirnarealen zu.

Die Aufgabenteilung lässt sich auf der hirnphysiologischen Ebene präzise beschreiben. Während die Inhalte des Kurzzeitgedächtnisses als Aktivierung von Neuronen im Hippocampus nachweisbar sind, werden die Inhalte des Langzeitgedächtnisses in Form von Neuronenverschaltungen zwischengespeichert. Die endgültige Speicherung aber erfolgt im Hyperraum. Was diese strukturellen Funktionsunterschiede so brisant macht, ist die Verlagerung des Langzeitgedächtnisses aus dem empirischen Körper. Der Hirnforscher und Nobelpreisträger Henri Bergson wies schon vor einem Jahrhundert darauf hin, dass das Langzeitgedächtnis eine Transrealität sei, die nicht im Gehirn lokalisiert werden könne. Damals war es lediglich eine These, mittlerweile lassen sich diese Annahmen als Fakten erhärten. Ganz offensichtlich existieren also zwei Arten von Speicherplätzen: ein im Hirn beheimateter, materieller, elektro-chemischer Speicherplatz sowie ein immaterieller außerhalb der Raumzeit im Hyperraum.

Betrachten wir nun das Krankheitsbild von Patienten, die unter Demenz oder Alzheimer leiden, so können wir aus dem Gesagten schließen, dass sie keine Informationen mehr aus dem Hyperraum herunterladen können. Diese Fähigkeit ist ihnen abhandengekommen, weil die neuronalen Verschaltungen versagen. Angehörige von Erkrankten und Alzheimerforscher kennen allerdings das Phänomen der »lichten Momente«, in denen sich die Patienten zumindest kurzfristig wieder an vieles erinnern können. Die Erinnerung ist selbst im fortgeschrittenen Stadium der Krankheit nicht völlig verloren. Kann man daraus folgern, dass der geistige Verfall umkehrbar ist, falls der Hyperraum wieder zugänglich wird?

Es wäre zu früh, die neuen Ergebnisse der Alzheimerforschung bereits als konkrete Heilungsperspektive zu interpretieren. Sicher aber ist: Das erkrankte Gehirn kann unterstützt werden, wenn man es als Schnittstelle zwischen unserer Raumzeit und einer übergeordneten, informationstragenden Dimension betrachtet. Eine Schlüsselfunktion haben dabei elektromagnetische Felder. Seit einigen Jahrzehnten werden sie therapeutisch eingesetzt, mit verblüffenden Erfolgen für unterschiedlichste Krankheitsbilder. Vor Kurzem nun begann man, auch Demenzkranke zu befelden. Die Ergebnisse waren verblüffend. Nachdem Patienten im finalen Stadium 60 Minuten am Hinterkopf mit bestimmten elektromagnetischen Feldern behandelt wurden, wirkten sie, als seien sie gesund. Sie erinnerten sich wieder daran, wer sie waren und wie sie hießen, und erzählten Geschichten aus ihrem Leben. Die Ärzte waren zutiefst erstaunt und suchten nach den Gründen dafür. Wie konnte diese Verwandlung geschehen?

Es wird vermutet, dass die Glia-Zellen als »Ersatzgehirn« jene Funktionen übernehmen, die zuvor Neuronen ausgeführt hatten. Während das demenzerkrankte Gehirn Verschaltungen der Neuronen auflöst und so den Erinnerungsverlust hervorruft, können Glia-Zellen diesen Ausfall rückgängig machen, sofern sie elektromagnetisch aktiviert werden. Bewährt hat sich dabei eine niederfrequent modulierte Hochfrequenz, 150 MHz mit 8,3 Hz moduliert. Die wundersame Wirkung trat nur ein, wenn diese Frequenzen mit einer bestimmten elektromagnetischen Feldstärke appliziert wurden. Auch die Örtlichkeit der Feldapplikation war wirkentscheidend – der Amygdala-Bereich im Nacken zeigte die deutlichsten Resultate. Die Forscher resümierten, dass von außen gesteuerte elektromagnetische Felder in der Lage sind, Glia-Zellen wie ein Ersatzgehirn zu programmieren. So wurde die Antennenfunktion des Gehirns zurückgewonnen, es konnte wieder an den Hyperraum andocken und seine Signale empfangen. Oder, anders ausgedrückt: Die elektromagnetischen Feldeinflüsse öffneten den verschütteten Transdimensionenkanal zum Hyperraum und schalteten das Gehirn wieder »auf Empfang«.

Ich war an einigen einschlägigen Studien beteiligt und durfte miterleben, wie wir Demenzpatienten ins bewusste Leben zurückholten, die sich bereits im letzten Stadium ihrer Krankheit befanden. Es war eine berührende und zutiefst beeindruckende Erfahrung. Das Gehirn der Betroffenen hatte sich durch das Auflösen der Neuronen stark zurückgebildet. Dennoch konnten sich die Patienten unter dem Feldeinfluss spontan wieder erinnern. Auch was die Motorik und die allgemeine Vitalität betraf, zeigten die befeldeten Patienten ein nahezu normales Verhalten, so, als seien sie niemals krank gewesen. In dem Moment allerdings, in dem wir das elektromagnetische Feld wieder abschalteten, fielen sie zurück in den apathischen Zustand des Vergessens.

Zweifellos zeichnet sich hier eine erfolgreiche Therapieform ab, die eine der gravierendsten Zivilisationskrankheiten eindämmen könnte. Die empirischen Studien belegen, dass die innovative Regulationsmedizin eine Technik zur Verfügung stellt, mit der die Patienten dauerhaft geheilt werden. Die einzige Voraussetzung wäre, dass der Erkrankte ein entsprechendes Befeldungsgerät bei sich trägt. Manche Forscher halten es für möglich, dass sich die aufgelösten neuronalen Verschaltungen sogar auf Dauer restrukturieren und bestehen bleiben. Ich kenne den Fall eines Patienten, der nach einem Dreivierteljahr keine künstlich erzeugten elektromagnetischen Felder mehr brauchte, weil sich die Strukturen seiner verloren gegangenen Hirnmatrix erneuert hatten.

Es ist kein Zufall, dass ich das konkrete Beispiel der Alzheimertherapie an den Anfang dieses Buches gestellt habe. Auf diese Weise wollte ich Ihnen zeigen, wie komplex unsere Wahrnehmung ist und wie wenig wir uns auf den gängigen Materialismus beziehen können. Halten wir also fest: Wir selbst erschaffen unsere Realität. Wir tun das unter anderem durch unser individuell von Umwelteinflüssen geprägtes Gehirn, das verantwortlich dafür ist, dass wir so unterschiedlich denken und bewerten. Und: Wir sind nicht allein ein Produkt hirnphysiologischer Vorgänge, sondern partizipieren an einem immateriellen Informationsspeicher. Das macht unsere individuelle Denkstruktur so einzigartig wie ein Fingerabdruck und unser Bewusstsein universal: Jeder von uns trägt buchstäblich sein ganz eigenes Universum mit sich.

2. Die erdachte Welt

Der französische Philosoph René Descartes prägte den Satz: »Ich denke, also bin ich.« Man kann den Satz auch umdrehen und sagen: »Ich bin, weil ich denke.« Dies jedenfalls ist das erschaffende Gesetz des neurochemischen Gehirn-Netzwerks, mit dem wir unsere Realität erzeugen. Die subjektive Realität ist strikt individuell, weil sie dem jeweils Gedachten entspricht, keiner objektiven Wirklichkeit. Doch gerade dies muss kein Mangel sein, sondern kann durchaus eine Qualität bedeuten – als realitätsgenerierender Schöpfungsprozess. Nichts anderes bedeutet Denken.

Eine weitere Dimension tritt nun hinzu. Denn dieses Denken ist nicht nur schöpferisch auf der Gedankenebene, sondern kann auch die materielle Welt beeinflussen. Mit der Erkenntnis, dass Geist und Materie nicht mehr prinzipiell unterscheidbar sind, werden die Übergänge fließend, und so liegt in der Kraft der Gedanken auch eine formende Energie. Bezieht man nun die Kommunikation zwischen Geist und Hyperraum ein, lässt sich eine weitere Erkenntnis formulieren: Die Wahrnehmung dessen, was wir als unsere Realität bezeichnen, ist die Summe aller bisherigen Denkprozesse – unserer eigenen und aller anderen. Jeder Einzelne nimmt an einem kollektiven Gestaltungsprozess teil und bereichert seinerseits den Hyperraum. Wir haben es daher beim Hyperraum mit einem kollektiven Erinnerungsspeicher von großer Wirkmacht zu tun.

Interessant ist es nun, zu ergründen, wie der informelle Austausch genau stattfindet. Welche Transmitter sind daran beteiligt? Wie finden Selektionsprozesse statt? Wie erfolgt der Übergang vom Geist zur Materie? Jetzt kommen die Emotionen ins Spiel. Sämtliche Erfahrungen, ob im Privatleben, im beruflichen Alltag oder beim Medienkonsum, sind direkt an korrespondierende Gefühlszustände gekoppelt. Alle neuen Wahrnehmungen, die über die Sinnesorgane aufgenommen werden, vergleichen wir mit älteren emotionalen Erfahrungen und ordnen sie entsprechend zu. Sind sie angenehm oder unangenehm? Sind sie neutral, was Gefühle betrifft? Fühlen wir uns bedroht? Aus der Lernforschung weiß man, dass nur solche Inhalte fest verankert werden, die mit starken Emotionen besetzt sind. Das einfachste Beispiel ist die Erfahrung eines Kindes, das sich an der heißen Herdplatte die Hand verbrennt. Unauslöschbar wird es die Erfahrung speichern, dass Herdplatten gefährlich sind, und der Schmerz ist gleichsam der Anker.

Ähnliches geschieht bei allen neuen Erfahrungen. Spontan werden Bewertungen vorgenommen; sie werden gespeichert und verfestigen sich mehr oder weniger intensiv. Das betrifft übrigens alle Erfahrungen, auch solche, die wir aus zweiter Hand machen. Wenn wir fernsehen oder ein Buch lesen, rezipieren wir die Inhalte immer auch auf einer emotionalen Ebene. Speziell die Massenmedien können dabei als

Realitätsverstärker bezeichnet werden. Wenn wir einen Zeitungsartikel lesen oder eine Fernsehsendung sehen, transformieren wir unbewusst die angebotenen Informationen durch innere Reflexion in Realität. Dabei spielt keine Rolle, ob wir einen Artikel für glaubhaft halten oder ob wir uns mit seinem Inhalt identifizieren. Die Informationen gleiten mühelos durch unsere Filter, sie werden weder abgelehnt noch verworfen, weil sie auf starke Emotionalität hin produziert wurden. Den Schlüssel dazu, dass sie in unser Bewusstsein dringen, bilden also die Gefühle, die wir mit den angebotenen Informationen verknüpfen. Sie gleichen Verstärkern, durch die das reine Wort oder der reine Gedanke materielle Wirklichkeit wird. Zugespitzt formuliert, könnte man sagen: Wir erliegen einem Placebo-Mechanismus, der wie ein Realitätsgenerator wirkt.

Was Priestern, Yogis und Heilern seit Jahrtausenden bewusst und Quantenphysikern seit über 50 Jahren bekannt ist, praktizieren Milliarden Menschen unbewusst jeden Tag: Der geistige Einfluss eines Beobachters hat Einfluss auf die elementarsten Prozesse der Materie. Gedanken erschaffen Realität, und je zielgerichteter und häufiger ein Gedankenkonstrukt gedacht wird, desto schneller vollzieht sich seine Umsetzung in der Wirklichkeit. Werden wir häufiger mit gleichen oder ähnlichen medialen Informationsbildern konfrontiert, wird dieser Transformationsprozess umso deutlicher eine reale Gestalt hervorbringen. Die dabei ablaufenden Prozesse variieren das Verhältnis von Geist und Materie als Realität erzeugende Wechselwirkungen.

Gedanken steuern Materie

Wenn wir uns damit auseinandersetzen, dass Gedanken Realität erschaffen, erwacht zunächst unser Widerspruchsgeist. Wie soll das im Einzelnen vor sich gehen? Ist es ein Trick, wenn jemand mit bloßer Konzentration einen Löffel verbiegt? Oder sind mentale Kräfte tatsächlich so mächtig, dass sie die Materie sichtbar verändern? Um dem Geheimnis dieser Vorgänge näher zu kommen, betrachten wir zunächst die Welt der Elementarteilchen. Zugegeben, es handelt sich hier um einen hoch spezialisierten Fachbereich, der für Laien schwer zugänglich ist. Dennoch werde ich versuchen, die wichtigsten Gesetze so einfach wie möglich zu erläutern.

Lassen Sie mich mit den subatomaren Teilchen beginnen, den Elektronen und den Quarks. Sie weisen einen spezifischen Spin auf, führen also eine rotierende Bewegung aus. Die Achse des Spins dreht sich in eine Richtung, die man durch Messungen bestimmen kann. Jedoch geschehen bei derartigen Messvorgängen merkwürdige Dinge. Ein inzwischen legendäres Experiment gelang dem Quantenphysiker Paul Davies. Er baute ein magnetisches Feld auf und legte damit eine bestimmte Drehrichtung der Spin-Achsen fest. Relativ zu dieser Referenzrichtung sollten die Richtungen anderer Spin-Achsen bestimmt werden – allerdings ohne dieses magnetische Feld. »Misst der Versuchsleiter nun«, so Davies, »drehen sich die Achsen der Elektronen ohne Feld ›zufällig‹ genau in dieselbe Richtung, die vorher von ihm als Referenz innerhalb des aufgebauten Feldes festgelegt wurde.« Es war, als seien die nicht befeldeten Elektronen »angesteckt« worden.

Davies wiederholte die Messung mehrfach, aber immer wieder verlief der Spin parallel zum Feld. Davies baute daraufhin das magnetische Feld mit neuer Richtung auf. Und prompt verhielten sich die Spin-Achsen der untersuchten Teilchen jenseits des Feldes genauso. »Die vorgenommene Drehung ist also von den Teilchen nachvollzogen worden«, beschreibt Davies das Phänomen. »Die Teilchen scheinen demnach die Absicht des Experimentators zu kennen und wählen immer die Richtung, die vorher als Referenz festgesetzt wurde.«

Der Physiker versuchte, diese seltsame Situation zu umgehen. Er baute zwei verschiedene Referenzrichtungen auf, um die Richtung der Spin-Achsen ohne Feld relativ zu beiden Referenzen anzugeben. Da es unmöglich ist, dass ein Teilchen zwei verschiedene Richtungen gleichzeitig einnimmt, nahm sich Davies vor, den Winkel zu registrieren, den die Spin-Achse relativ zur Mitte beider Referenzrichtungen einnahm. »Wieder geschah das Unglaubliche«, erinnert er sich. »Die gemessene Spin-Achse zeigt zuerst in Richtung der ersten Referenzrichtung, dann in Richtung der zweiten Referenzrichtung, dann wieder in Richtung der ersten und so weiter ...«

Die Interpretation dieses von anderen Wissenschaftlern vielfach reproduzierten Versuchsergebnisses erscheint geradezu magisch. Davies, ein Schüler des Physikers Stephen Hawking, kommt zu dem Schluss: »Wenn der Spin eines Teilchens auf ewig dazu bestimmt ist, der Wahl einer Vorzugsrichtung zu folgen, dann dringt auf diese Weise der freie Wille eines Physikers in die Mikrowelt ein. Die unheimliche Sklaverei, die alle mit Spin ausgestatteten Teilchen zwingt, den vom Experimentator festgelegten Winkel einzunehmen, erweckt den Eindruck, als ob der Geist die Materie beherrsche.«

Als Erstes stellt sich natürlich die Frage, wie etwas, das in unserem Gehirn allein als Gedanke manifest ist, eine Funktion außerhalb unseres Körpers steuern kann. Albert Einstein nannte das Phänomen »spukhafte Fernwirkung«. Er griff es gemeinsam mit seinen Kollegen Podolsky und Rosen auf. Bereits 1935 hatten die Physiker eine Versuchsanordnung entworfen, die dann 1964 von John Stewart Bell weitergeführt und erst 1982 von der Pariser Arbeitsgruppe um Alain Aspect bestätigt wurde. Heute ist das Experiment bereits mehrfach in unterschiedlichen Variationen verifiziert worden.

Seit Albert Einstein wissen wir, dass der Beobachter eines Experiments immer Teil seiner eigenen Versuchsanordnung ist. Beobachten bedeutet eingreifen, so lässt sich dieses Gesetz auf eine einfache Formel bringen. Doch wie weit reicht der Einfluss? Im National Institute of Standards and Technology in Boulder, Colorado, wurden Berylliumionen energetisch angeregt. Dafür wurden sie 256 Millisekunden lang mit Radiowellen bestrahlt. Diese Zeitspanne wurde gewählt, weil danach alle Ionen mit einer Wahrscheinlichkeit von 100 Prozent angeregt sind. Das per Lasertechnik ermittelte Messergebnis war mehr als überraschend: Warfen die Wissenschaftler bereits nach 128 Millisekunden einen Blick auf die Ionen, so war erwartungsgemäß etwa die Hälfte der Ionen angeregt. Warfen sie jedoch viermal in gleichen Zeitabständen innerhalb 256 Millisekunden einen kurzen Blick auf die Ionen, so waren sie nur noch zu einem Drittel angeregt. Zwei Drittel dagegen verhielten sich, als ob keine anregenden Maßnahmen vorhanden wären. Wurde gar 64-mal in den Behälter geschaut, also alle vier Millisekunden, so hatten nur sehr wenige Ionen die Anregung übernommen. Fast alle blieben im Ruhebereich. Und das, obwohl der reine Absorptionsvorgang der Radiowellenenergie in kürzester Zeit vollzogen war.

Die Konsequenzen muten nachgerade fantastisch an und werden unser alltägliches Weltbild ein für alle Mal verändern. Fast könnte man die Phasen des Experiments so beschreiben, als würden sich die Elementarteilchen wie Lebewesen verhalten. Ein Ion nämlich muss sich, wenn es beobachtet wird, »entscheiden«, welche der vorgegebenen Quantenanregungsstufen es einnehmen wird. Entscheidungshilfe dafür ist die sogenannte Wahrscheinlichkeitswelle, die sich im Behälter ausbreitet. Wird das Ion zu häufig beobachtet, dann hat die Wahrscheinlichkeitswelle nicht genügend Konzentration, um sich von einer Anregungsstufe zur nächsten zu begeben. Sie kollabiert aufgrund der Beobachtung immer wieder und befindet sich deshalb nach Ablauf der Versuchszeit noch auf der Grundstufe. Nach vier Millisekunden kann laut Wahrscheinlichkeit nur eines von 10 000 Ionen die Anregungsstufe erreichen.

Denkt man das Ergebnis weiter, so wird deutlich: Permanent beobachtete Quantenzustände können sich niemals ändern, selbst dann nicht, wenn Anregungsenergien einwirken. Sofern man Quantenzustände nicht aus den Augen lässt, sind ihre Energiestufen gleichsam wie »eingefroren«. Umgekehrt gilt demnach: Nur Quantenzustände, die lediglich in größeren Abständen gemessen werden, können sich wandeln. Die Beobachtung, die Messung, das Erkennen verhindern die

Ausbreitung von Wahrscheinlichkeitswellen und führen dazu, dass innerhalb des Versuchszeitraums keine Zustandsveränderung eintritt.

Was folgt daraus? Nach dem Naturgesetz, dass Mikrokosmos und Makrokosmos strukturell miteinander verbunden sind, können wir die Erkenntnisse der Quantenphysik auf den Menschen transferieren. Bekanntlich laufen im menschlichen Körper unaufhörlich Zellneubildungen ab – ein Phänomen, das wir als Regeneration bezeichnen. Im Zuge der ständig neu gebildeten Zellen werden in uns kontinuierlich Neuzustände erschaffen. Während der Körper seine Form behält, ändert er sich auf der zellulären Ebene von Augenblick zu Augenblick. Diese permanente Wandlung kann nicht aufgehalten werden, es sei denn, das gesamte System kommt durch den Tod zum Stillstand. Ausgeschlossen ist auch, dass eine dauernde Beobachtung die Zellerneuerung unterbindet.

Ist der Mensch nach der Pubertät ausgewachsen, so bleiben die Resonanzen auf der Zellebene konstant – das System ist entschleunigt. Deutliche Zäsuren finden nur in Wachstumsphasen, in der Pubertät und zu Beginn der Menopause statt, wenn sich auch die Morphologie des Körpers sichtbar verändert. In diesem Modell entspricht der Alterung eine Veränderung der Resonanzkörper durch freie Radikale, Gifte oder Mutationen. Auch hier fällt die Dauerbeobachtung aus. Der Status quo kann nicht mehr gehalten werden, und mit der Degeneration kommt es zu Neuzuständen, die keine Optimierung des Organismus mehr bedeuten.

Die Experimente von Davies und Aspect zeigen, dass der Beobachter ganz offenbar auf der Quantenebene eine zentrale Rolle bei der Wirklichkeitsausformung spielt. Die Umschaltung von virtueller auf reale Information, die Verwandlung von geistiger in physikalische Energie geschieht bei den Versuchsanordnungen immer durch Beobachtung, Messung, Aufzeichnung und Resonanz. Oder, in einem höheren Sinne: Diese qualitativen Sprünge vollziehen sich immer dann, wenn eine Lenkung durch den Geist erfolgt.

In der Vorquanten-Ära der Physik ging man noch davon aus, dass die »Welt da draußen«, außerhalb von uns, sich in einem fest gefügten, von uns unabhängigen Zustand befinde. Die Quantenphysik überschritt solche Grenzziehungen. Sie entwirft ein Bild der Wirklichkeit, in dem Beobachter und Beobachtetes untrennbar miteinander verbunden sind. Die Auswirkungen der Beobachtung sind für die zum Vorschein gebrachte Realität fundamental und können weder reduziert noch kontrolliert werden. Ein Teilchen bleibt so lange in seiner Position, bis ein bewusster Beobachter auftritt. Solange das Teilchen von der Umwelt isoliert bleibt, ist es dagegen unabhängig von einem Beobachter und verharrt in einem »unentschlossenen« Zustand. Misst eine Maschine Quantensysteme, bleiben die Teilchen und somit die Messergebnisse so lange in ihrer Ausgangsposition, bis ein intelligenter Mensch die Messung der Maschine beobachtet.

Dieser Zusammenhang zwischen mentaler und physikalischer Energie konnte in zahlreichen Experimenten zweifelsfrei nachgewiesen werden. Überraschenderweise ist also nicht nur das Bewusstsein für das Zusammenbrechen der Wellenfunktion verantwortlich, sogar Intelligenz ist ein wesentlicher Bestandteil dieses Effekts. Es gibt eine Fülle weiterer Beispiele, die uns Aufschluss über diesen Prozess geben. Messen wir etwa die Impuls-Eigenschaft eines Elektrons, erhalten wir immer nur die Antwort des Elektrons auf unsere gestellte Frage. Der gemessene Impuls ist eine Art Täuschung, die von der Wechselwirkung zwischen Quantenentität und Versuchsanordnung hervorgerufen wird, um anschließend von der Intelligenz unseres Gehirns interpretiert zu werden. Was wir Erkenntnis nennen, ist in Wahrheit der Umschlag von der Virtualität in die Realität.

Noch weit aufregender sind Versuche, bei denen sich eine konkrete Messung erübrigt und allein das Wissen des Experimentators Realität erschafft. Ändert sich das Wissen über einen Versuchsvorgang und ziehen wir daraus veränderte Schlüsse, dann ändert sich auch das untersuchte Quantensystem und liefert eine veränderte Realität. Man kann daraus schließen, dass jedes experimentell erzeugte Ergebnis von der Frage geprägt ist, die dem Experiment vorherging. Ein Elektron, das »gefragt« wird, ob es ein Teilchen ist, *ist* ein Teilchen. Wenn aber das Elektron gefragt wird, ob es eine Welle ist, dann *ist* es eine Welle. Der Physik-Nobelpreisträger Werner Heisenberg bemerkte hierzu: »Auch in der Naturwissenschaft ist also der Gegenstand der Forschung nicht mehr die Natur an sich, sondern die der menschlichen Fragestellung ausgesetzte Natur.«

Reine Phänomene sind nur jene, die unbeobachtet bleiben. Das unbeobachtete Universum ist demnach eine Illusion. Es existiert nicht unabhängig von unserer Beobachtung, sondern wird vielmehr durch die Beobachtung definiert und geformt. Auch eine Welle wird im universellen Kontext erst dann zu einer konkreten, lokalisierbaren Information, wenn wir Menschen als Raumzeit-Konstruktion sie bewusst fragen, um uns Erkenntnisse anzueignen. Nonlokale Gesetzmäßigkeiten, wie sie die Welle repräsentiert, verknüpfen die Dynamik universell und virtuell verborgener Information mit der lokalen Materie und schalten damit reale semantische Information.

Fassen wir nun alle Versuchsergebnisse zusammen, erhalten wir einen Eindruck von der nahezu grenzenlosen Schöpferkraft des Geistes. Er ist imstande, Realität zu kreieren und zu beeinflussen. Das geschieht bereits bei ganz alltäglichen Vorgängen, die uns allen vertraut sind. Hebe ich meinen Arm, beeinflusse ich mit einem geistigen Prinzip, dem »bewussten Willen«, die Materie spezieller Muskelgruppen, also Massekräfte. Allgemeiner ausgedrückt, moduliert das Bewusstsein die Massematrix. Wenn mein Wille dem Arm diktiert, dass er sich heben soll, dann lässt sich das als Interaktion zwischen dem Entitätenkomplex Geist und dem Entitätenkomplex Masse beschreiben. Beide müssen sich folglich erkennen und gemeinsame Eigenschaften aufweisen, damit sie interagieren können.

Die Physik kommt nicht umhin, mit der Quantenphysik und Quantenphilosophie eine nonlokale, in ihren Teilen verknüpfte Quantenwelt zu akzeptieren. Die jedoch kann sich nur manifestieren, wenn wir an ihr eingreifend teilhaben. Für die Elementarebene gilt deshalb das quantenphysikalische Gesetz, dass kleinste Teilchen unendliche Optionen künftiger Ereignisse in sich tragen, bis die Beobachtung das Mögliche ins Tatsächliche umsetzt.

Die Bausteine des Universums

Es gibt kaum einen wissenschaftlichen Paradigmenwechsel, der unser Bild vom Menschen und vom Universum derart nachhaltig verändert hat, wie die Quantenphysik. Das Newton-Zeitalter liegt hinter uns, und damit die linearen Prinzipien von Ursache und Wirkung sowie die herkömmlichen Modelle der Wirklichkeitsstruktur. Der entscheidende Unterschied zur traditionellen Physik ist dabei die Begrifflichkeit von Materie, Energie und Einfluss. Materie ist kein unveränderlicher Stoff. Sie wird geformt und verändert durch Bewusstsein und Geist, durch Energien also, die nicht zu den physikalisch messbaren Einflüssen wie Wärme, Licht oder Beschleunigung gehören. Deshalb verabschiedete sich die moderne Physik vom mechanistischen Weltbild. Sie begreift das physikalisch messbare Universum nicht mehr in Analogie zu den Zahnrädern einer Maschine, sondern als informationsverarbeitendes System.

An die Stelle der strukturell kohärenten Materie sind Informations-Bits getreten. Im neuen Paradigma des Universums ist die Software wichtiger als die Hardware. Der Geist ist also weit mehr als ein analytisches Instrument, als das er jahrhundertelang betrachtet wurde. Vielmehr ist er ein Programm, das die Hardware und damit die gesamte Materie steuert. Die Teilmenge zwischen Geist und Materie ist in diesem Kontext die Information, welche die Software, also die zugrunde liegende Funktionssteuerung, moduliert.

Aber sind Software und Hardware tragfähige Metaphern für den Menschen und seine Stellung im Universum? Wie müssen wir uns das Verhältnis dieser beiden Sphären vorstellen? Der Mensch besteht aus einer kaum vorstellbaren Anzahl von Elektronen, die an allen Lebensvorgängen beteiligt sind. Es gibt keine Funktion in unserem Körper, die ohne Elektronen stattfände. Sie sind es, die dem Atomkern die Möglichkeit geben, sich mit anderen Atomkernen zusammenzuschließen. Sie sind es, die Kräfte entwickeln, um das aufzubauen, was wir Materie nennen. Und sie sind es, die der Umgebung Nachrichten zukommen lassen, um Funktionen zu koordinieren. Die Vielzahl der Verbindungen kommt dadurch zustande, dass die Elektronenzahl in den Atomen verschieden und die Ausrichtung des Spins der Elektronen unterschiedlich ist.

Was viele von uns verwundern mag: Elektronen sind unsterblich. Die Gesamtheit der Elektronen, die gegenwärtig existieren und unseren Körper funktionstüchtig erhalten, ist in den 0,1 Sekunden nach der Erschaffung unseres Universums entstanden. Bis zum heutigen Tag ist kein einziges Elektron hinzugekommen oder verloren gegangen. Obwohl sich Elektronen in sehr kurzen Zeiteinheiten in andere Quantenteilchen verwandeln können, behalten sie doch ihre Identität. Auch die während des Schöpfungsakts entstandenen Protonen und Neutronen sind von ewiger Dauer. Etwa 2080 Sekunden nach dem Zeitpunkt null bildeten sich die Wasserstoffatome. Sie machen rund 93 Prozent aller Atome des Kosmos aus. Die nächsthäufigen Elemente im Universum sind Sauerstoff und Kohlenstoff, der ebenfalls eine unendliche Existenzdauer hat.

Obwohl der Mensch eine recht junge Lebensform in der Geschichte des Universums ist, besteht unser Körper aus den Elementen, die nach dem Urknall entstanden. Es sind die Bausteine unseres materiellen Körpers, und sie sind an allen seinen lebenserhaltenden Funktionen beteiligt. Alle Elektronen und Elektronencluster senden Schwingungen unterschiedlicher Frequenzen aus, auf denen die wesentlichen Steuerungsfunktionen möglich werden. Was wir als Biochemie bezeichnen, ist daher nichts anderes als die Übertragung von Energien mithilfe elektromagnetischer Schwingungen.

Während die Elementarteilchen unsterblich sind, ist die Verbindung zweier Teilchen von begrenzter Dauer, die durch ihre spezifische Energie bestimmt wird. Bindungsenergien von 0,9 eV (Elektronenvolt) haben eine mittlere Dauer von 0,1 Sekunden, Bindungsenergien von 1,5 eV kommen auf 1,3 Jahre. Die Bindungsenergie der menschlichen DNA schließlich lässt sich mit 1,8 eV beziffern, was eine mittlere Lebensdauer von 30 000 Jahren bedeutet. Obwohl sich diese Dinge auf der subatomaren Ebene ereignen, spüren wir die Bindungskräfte durchaus. Wenn wir unsere Finger über ein Blatt Papier gleiten lassen, empfinden wir Wechselwirkungen zwischen den Elektronenwolken unserer Finger und den Elektronenwolken des Blattes.

Elektronenwolken kommunizieren mithilfe von Photonen. Deren elektromagnetische Wechselwirkungen können wir spüren, und damit den Widerstand der elektromagnetischen Bindungskräfte zwischen Atomen und Molekülen. Auch wenn wir die Wärme unserer Haut empfinden, nehmen wir elektromagnetische Schwingungen über elektromagnetische Sensoren wahr. Das, was wir als bewusste und unbewusste

Information aufnehmen, also alles, womit wir unsere Welt beschreiben, wird von diesen Sensoreigenschaften der Elektronen vermittelt. Die Kommunikation zwischen unserer Innen- und unserer Außenwelt erfolgt dabei durch Photonen, die als Botenstoffe fungieren. Dass wir überhaupt eine Trennung zwischen Innen- und Außenwelt registrieren, verdanken wir den besonderen Eigenschaften der Elektronen. Sie stellen eine Art Raumzeit-Membran dar.

Mit der soeben skizzierten Elektronenstruktur kommen wir dem ganzheitlichen Verständnis der geistig-materiellen Struktur ein gutes Stück näher. Es handelt sich um außerordentlich komplexe Vorgänge. Dennoch kann man das gesamte Universum einschließlich unserer irdischen Welt auf die permanente Wiederholung von nur drei elementaren Vorgängen zurückführen. Erstens ist es die elektromagnetische Welle, welche die Bewegung der Elektronen kennzeichnet, zweitens die elektromagnetischen Welle, welche die Bewegung der Photonen steuert, und drittens die Wechselwirkung dieser beiden Wellen.

Alle Teilchen und alle Strukturen, die auf der Mikroebene und der Makroebene existieren, sind Sender elektromagnetischer Felder und damit letztlich Energie. Das gilt auch für biologische Regulatoren wie Hormone, Neurotransmitter, Antigene oder Enzyme. Sie haben elektrische Eigenladungen, die meistens asymmetrisch über das Molekül verteilt sind. Gleichzeitig haben all diese Moleküle eine mechanische Eigenschwingung. Beides, Ladung und Schwingung, versetzt die Moleküle in die Lage, elektromagnetische Wellen auszusenden. Ihre »Partner« – Rezeptoren, Antikörper und Enzyme – fungieren als Empfänger dieser Wellen. Sie nehmen die gesendete Information auf, die letztlich nichts anderes ist als codierte Energie. Das geschieht über Resonanz, also über eine Feld-Kraft-Übertragung.

Fasst man diesen komplexen energetischen Austausch und dessen Wechselwirkungen in einem Begriff zusammen, so erhalten wir eine wissenschaftliche Definition von Realität. Es ist nicht die konstruierte, unabänderliche Realität, die wir im Alltag so bezeichnen, sondern ein durchlässiges System, das sich ständig in Bewegung befindet und niemals zum Stillstand kommt. Es gehört zum Wesen dieser ebenso komplexen wie instabilen Realität, dass jedem Bewegungszustand eine spezifische Energie zugeordnet ist. Dementsprechend strahlt jede Atom- und jede Molekülkombination, auch aufgrund der Umgebungseinflüsse, nur eine ganz bestimmte, für sie charakteristische Quantenenergie aus.

Für unsere Grundfrage nach dem Verhältnis von Geist und Materie sind diese Erkenntnisse von ungeheurer Bedeutung. »Alles fließt«, könnte man mit Heraklit sagen, und heute können wir hinzufügen: Die verflüssigte Realität wird durchpulst von Energie und Information, von Größen also, die unmittelbar an die Eigenschaften des Geistes anknüpfen. Insofern ist der Mensch wie geschaffen dafür, seine Realität nicht nur zu erzeugen, sondern sie kraft der physikalischen und nicht physikalischen Informationsflüsse lebendig zu gestalten. Der alte Traum von menschlicher Gestaltungsmacht gewinnt hier neue Kontur: Wir haben Zugang zu allen Dimensionen der Existenz.

Die Entdeckung der Nonlokalität

In den vorherigen Kapiteln fiel immer wieder der Begriff des Bewusstseins. Im pragmatischen Sprachgebrauch meinen wir damit die menschliche Fähigkeit zur Selbstreflexion im Sinne des Selbst-Bewusstseins. Doch das ist nur ein kleiner Teilbereich seiner Gültigkeit. Bewusstsein ist noch viel mehr: Es charakterisiert das gesamte Universum. Ein Meilenstein zur Erforschung dieses Phänomens war die Wheeler-Feynman-Absorber-Theorie, die unter modernen Physikern als avancierteste Erkenntnis überhaupt gilt. Die Theorie wurde 1941 in Princeton von Richard Feynman vorgetragen; im Publikum saßen unter anderem Albert Einstein und Wolfgang Pauli.

Was machte die Wheeler-Feynman-Absorber-Theorie so einzigartig? Erstmals wurde die These aufgestellt, dass jedes Teilchen die vergangenen und zukünftigen Entwicklungszustände des Universums »kennt«, sie also in sich trägt. Das gesamte Potenzial von Optionen liege in jedem einzelnen Teilchen. Darüber hinaus stellte Feynman fest: »Wenn Elektronen in Wechselwirkung miteinander treten, kommt es zu zwei stabilen Situationen. Zum einen bewegt sich die Energiewelle in der Zeit vorwärts und strebt in die Zukunft, zum anderen bewegt sich die Energiewelle rückwärts, in die Vergangenheit ausstrahlend. Was zunächst paradox wirken mag, steht dennoch im Einklang mit den maxwellschen Gleichungen, die die klassische Elektrodynamik beschreiben. Gleichzeitig stimmt es auch mit der Schrödinger-Gleichung überein, mit der die räumliche und zeitliche Zustandsentwicklung von Quantensystemen ausgedrückt wird.«

Vor Feynmans Theorie hatten die Physiker Lösungen dieser Gleichungen beharrlich ignoriert, die auf dem Zeitstrahl rückwärts wiesen. Jetzt kamen ganz neue Erkenntnisse in die Debatte. Sie fußen auf der Beobachtung von Elektronen, die als Sender eine elektromagnetische Strahlung emittieren, und zwar durch ein Feld, das aus einer zeitsymmetrischen Mischung zweier Wellen resultiert: einer retardierten (in die Vergangenheit laufenden) Welle und einer avancierten (in die Zukunft laufenden) Welle. Die Schlussfolgerung stellte alles Wissen auf den Kopf, was bis dahin denkbar schien: Jede elektromagnetische Wahrscheinlichkeitswelle »weiß« bereits, welches Ziel sie hat und welche Resonanzstruktur sie erwartet, den sogenannten Absorber. Feynmans Begründung war schlüssig, denn er legte fest, dass mit der Aussendung der Welle bereits das Echo von der Resonanzstruktur eingetroffen ist, in Form einer »Bestätigungswelle«. Jedes emittierte Photon ist darüber informiert, wo es absorbiert werden wird. Da nun Quantenenergie-Empfänger immer auch selbst wieder Sender von Quantenenergie werden, ergibt sich eine unvorstellbar komplexe Vernetzung.

Die Selektion der Kommunikation tritt durch die Anzahl der resonanten Absorber ein. Man spricht hier von einer Frequenzspezifität. Bei Elektronen beispielsweise gibt es unendlich viele Absorber, bei Enzymen nur wenige. Aus der Perspektive eines Photons haben weder Zeit noch Raum eine Bedeutung. Für diese Quanten existiert immer nur der Istzustand. Dies bedeutet, dass alles in unserem Universum energetisch zeitlos und raumlos verknüpft ist und jeder von jedem unmittelbar alles energetisch Wichtige »weiß«. Eine

Art Chaos-Ordnung entsteht dadurch, dass sich ein Großteil der Quanten innerhalb des Wechselspiels auslöscht und dass das Skalarfeld – auch Subquantenfeld oder Higgsfeld genannt – eine Matrix vorgibt. Keine der avancierten Wellen lässt sich spüren, außer in der Wirkung als Strahlungswiderstand. Weil wir die avancierten Wellen jedoch nicht wahrnehmen, existieren für uns lediglich die retardierten Wellen.

Die avancierte Welle hat zwei Wegmöglichkeiten. Entweder läuft sie in die Vergangenheit, regt dort ein Elektron an und kommt dann als Echowelle in die Gegenwart zurück, als retardierte Welle. Oder sie kommt aus der Zukunft als Echo der retardierten Welle. In beiden Fällen wird das Elektron aktiv. Das wäre dann spürbar, wenn viele Elektronen in gleicher Weise betroffen sind, und entspräche dem Zustand der Kohärenz. Da bei der Aussendung der Welle – gleichgültig ob in die Zukunft oder in die Vergangenheit – und bei Eintreffen der Bestätigung exakt die gleiche Zeit gilt, spielen die zurückgelegten Entfernungen der Welle im Raum nicht die geringste Rolle.

Aus diesem Modell erklären sich unter anderem die Nonlokalitäts-Experimente nach Aspect. Sie untersuchten, wie sich Atome verhielten, die durch Energie von außen angeregt wurden. Stellen wir uns vor, ein angeregtes Atom ist im Begriff, zwei Photonen zu emittieren. Dafür werden »Angebotswellen« in verschiedene Richtungen gesendet. Die Photonen werden jedoch erst dann emittiert, wenn bestätigende avancierte Wellen rechtzeitig von einem Absorberpaar zum Atom zurückgeschickt wurden. Ist dieser Vorgang vorwärts und rückwärts auf dem Zeitstrahl abgeschlossen, werden die Photonen übertragen. Da das Paar ein einziger Quantenzustand ist, müssen Spin und Polarisation immer miteinander korreliert sein, unabhängig von Raum und Zeit. Sind die Polarisationsmöglichkeiten für das Photon beim Abtasten der Umgebung mit der retardierten Welle nicht gegeben, dann werden auch keine Photonen abgeschickt. Die Absorptionsmöglichkeiten müssen erst einmal eruiert werden, und sie bestimmen dann die Polarisation der abgeschickten Photonen.

In dem Aspect-Experiment kann also kein Photon abgesendet werden, das nicht den Absorptionsmöglichkeiten der Detektoren bei der Messung entspricht. Die Elektronen tasten demnach mithilfe ihrer Schwingungen die komplette Umgebung ab und geben erst dann die Kraftübertragung frei, wenn die richtigen Absorber vorliegen. Der Nobelpreisträger Ilya Prigogine äußerte sich hierzu folgendermaßen: »Erstaunlich ist, dass jedes Molekül weiß, was die anderen Moleküle zur selben Zeit und über makroskopische Entfernungen hinweg tun werden. Unsere Experimente zeigen, wie die Moleküle miteinander kommunizieren. Jeder akzeptiert diese Eigenschaft bei lebenden Systemen, aber dass auch nicht belebte Systeme sie aufweisen, ist zumindest unerwartet.«

Die Konsequenzen kommen einer wissenschaftlichen Sensation gleich. Stoßen wir beispielsweise ein Elektron hier auf der Erde an, dann weiß offenbar jedes geladene Teilchen – und sei es gar am »Ende unseres Universums« – augenblicklich, was geschehen ist, obwohl jede Welle für diese Reise möglicherweise 14 Milliarden Jahre benötigen würde. Umgekehrt gilt aber auch: Weiß das Elektron, wo das »Ende unseres Universums« ist, dann weiß das »Ende-des-

Universums-Elektron«, wo sich dieses Elektron befindet. Offenbar ist alles mit allem im Universum verbunden, in einem Gewebe wechselseitiger Wirkungen.

Man kann sich kaum vorstellen, welche Auswirkungen diese Forschungsergebnisse auch für die philosophische Reflexion hatten. Der große Nuklearphysiker und Philosoph Jean Émile Charon kommentierte das neue Paradigma mit den Worten: »Mein Denken ist das Denken meiner Elektronen, es herrscht also nicht bloß Analogie, sondern Identität.« Unser Bewusstsein ist demnach identisch mit den Aktivitäten bestimmter Elektronen in bestimmten Hirnregionen. Das heißt aber auch, dass Elektronen über spezifische Strukturen verfügen und sich durch Prägung dieser Strukturen »Erfahrungen« merken können. Tatsächlich kommen Charon und seine Physikerkollegen David Bohm und Louis de Broglie zu genau diesen Ergebnissen.

Nur ein vollkommen freies Elektron kann sich beinahe alle möglichen energetischen Zustände leisten und somit auf alle möglichen Sende- und Empfangsfrequenzen reagieren. Idealtypisch funktioniert das im Weltall, wo jedes freie Elektron mit fast allen anderen freien Elektronen kommuniziert. Eine der Folgen ist, dass wir mit bloßem Auge Sternenlicht erkennen können; es geht von Elektronen der äußeren Sternschichten aus und wird im Kosmos von Elektron zu Elektron weitergeleitet – so sehen wir das Licht von Sternen funkeln, deren Sendequelle Tausende Lichtjahre entfernt ist. Bis es so weit kommt, müssen einige Reaktionen stattfinden. Wenn ein freies Elektron sein Anregungssignal sendet, werden alle Elektronen des Universums mit passenden Eigenschaften durch

Polarisation den Signalempfang melden. Eine selektive Auswahl, ein spezifisches Adressieren an bestimmte ausgewählte Elektronenzentren scheint fast unmöglich. Wenn allerdings ein Organismus funktionieren soll, muss die Spezifität einer Nachricht gewährleistet sein, und genau das ist offenbar hier der Fall.

Übertragungswege und Übertragungsweise

Es ist nicht von der Hand zu weisen, dass wir es mit einem grandiosen Kommunikationssystem zu tun haben, das unser gesamtes Universum verbindet. Dabei sind die Träger der Kommunikation ausschließlich Atome und freie Elektronen. Welche Möglichkeiten haben sie für den Aufbau spezifischer elektromagnetischer Sende- und Empfangskanäle? Und noch eine weitere Frage drängt sich auf: Wenn sich beispielsweise in einem Organismus viel Masse zusammenballt – wie wird dann verhindert, dass eingekoppelte Energie als Information nicht gleich in der erstbesten Massestruktur stecken bleibt? Auf den ersten Blick scheint das Dilemma unlösbar.

Mittlerweile wissen wir sehr viel mehr über die Vorgänge und Konstruktionsprinzipien, die ein ungehindertes Fließen von Information ermöglichen. Ausgangsbasis der Überlegungen war die Beobachtung, dass die Struktur einer Antenne die Eigenfrequenz festlegt und somit für bestimmte Sende- und Empfangsfrequenzen verantwortlich ist. So wie in der Technik funktioniert das Prinzip auch im menschlichen Körper. Proteinstrukturen, aber auch Nukleotide und Glukosaminoglykane werden durch Baupläne der DNA zu Antennen aufgebaut, die entsprechend ihrer Eigenarten ganz bestimmte elektromagnetische Schwingungen aufnehmen und weitersenden können.

Betrachtet man alle Strukturen, die in uns verwirklicht sind, so fällt rasch auf, dass die Bandbreite der Frequenzen riesengroß ist. Spezifische Frequenzen werden dadurch über große Entfernungen geleitet, dass alle gleich gebauten Moleküle die Schwingung absorbieren und nach Anregung wieder zum nächsten gleichartigen Molekül absenden. Anschaulich sichtbar ist dieses Geben und Nehmen auf der physiologischen Ebene bei der Wärmeleitung des Blutes. Damit sind aber die Möglichkeiten des gesamten Systems längst nicht erschöpft. Proteine beispielsweise haben die Eigenschaft, ihre geometrische Form zu ändern, indem sie Seitenketten um einen vorgesehenen Winkel verdrehen. Dies geschieht als Folge einer Energieabsorption. Damit verändert sich sofort die spezifische Sende- und Empfangsfrequenz des Proteins, wodurch die alte Resonanzfrequenz blockiert wird und neue Informationskanäle aufgebaut werden.

So kann jede spezifische Nachricht als codierte Energie über resonante Weitergabe den Körperraum durchschreiten, bis sie in eine Zielstruktur umgesetzt wird. Die Elektronen dieser Moleküle reagieren dann gleichsam kollektiv auf die Energiezufuhr. Abhängig von der Anzahl der Elektronen, kann die Resonanzbreite sehr schmal werden und außerordentlich unterschiedlich von Molekül zu Molekül. Feinabstimmungen bei der Übermittlung von Information stellen jedoch kein Problem dar. Wo viel Masse konzentriert ist, existiert eine große Formenvielfalt. Aus ihr ergeben sich wiederum viele Resonanzmöglichkeiten und eine hohe Variationsbreite möglicher neuer Frequenzen. Die Kommunikationswege erlauben daher eine umfassende Differenzierung der übertragenen Information und gleichzeitig eine hohe Fernwirkung innerhalb der Grenzen des Körpers.

Kommen wir noch einmal auf das Kernthema »Bewusstsein und Gedächtnis« zurück. Den Faktor Erinnerung könnte man auf dem Hintergrund dieser Theorien folgendermaßen erklären: Die hintereinandergestaffelten Kommunikationskräfte formen Gebilde, die wie eine Diskette oder eine CD als eingefrorene Solitonenschwingung abgelegt werden. Man spricht dabei auch von einer stehenden Welle mit Schallkomponente. Das Ergebnis ist die Konfigurationsänderung der Proteine. Ein Photonenreferenzstrahl – die Angebotswelle – kann analog zum Laserstrahl im CD-Spieler die Gebilde abtasten und dadurch moduliert werden. Eventuell werden die Gebilde auch durch den Strahl zum Schwingen gebracht. Die neu vom Gebilde ausgesandten Schwingungen modulieren daraufhin die Bestätigungswelle, die zum Ursprung zurückkehrt und die Erinnerung konstituiert.

Von elementarer Wichtigkeit bei der Informationsübertragung sind nicht nur resonante Strukturen, sondern auch die Pulsierung der Energie. Energie zeigt nur deshalb Wirkung, weil sie mit Quantenstößen identisch ist. Energie, die im Gegensatz dazu aus einem kontinuierlichen Fluss heraus übertragen wird, wirkt schwächer als eine, die über pulsierende Stöße läuft. Für dieses Wirkprinzip hält der Alltag viele Beispiele bereit. Ein kontinuierlicher, sanfter Wasserstrahl, auf eine Stelle des Kopfes gelenkt, wird von uns ohne Weiteres toleriert. Fällt aber die gleiche Wassermenge in Form von einzelnen Tropfen auf den Kopf hinunter, erzeugt sie schon nach kurzer Zeit enorme Schmerzen. Ähnlich verhält es sich mit einer Säge. Sie kann die Holzfasern nur deshalb zertrennen, weil sich zwischen den Zacken Leerräume befinden, wodurch die Kraft pulsierend gelenkt wird.

Nicht zuletzt hat die Trommel deshalb eine so mächtige Kraft, weil sie rhythmisch, in Pulsen geschlagen wird. Musik mit pulsförmig-rhythmischem Klang erzeugt offensichtlich eine Energiezufuhr in bestimmte Gehirnzentren, die sogar Kleinstkinder phasenrhythmisch hopsen lässt. Selbst die menschliche Sprache und ihr Informationsgehalt werden über Pulsfolgen von Tönen und Klängen vermittelt. Sprachliche Pulsfolgen regen Babys zu Mikrobewegungen an, deren Rhythmus dem Tonfall der mütterlichen Stimme entspricht. Töne beherrschen somit die Denkstrukturen und führen in ihrer Folge zu Muskelbewegungen. Das Pulsprinzip lässt sich in allen physiologischen Abläufen wiederfinden. Nervenzellen übermitteln durch Pulse Informationen, Muskeln arbeiten ausschließlich mit Pulsen. Unser Auge kann die Bilderzeugung nur über ein pulsförmiges Abtasten der Umgebung aufbauen; der Riechvorgang wiederum endet, sobald die Duftmoleküle kontinuierlich statt pulsierend ankommen.

Ein weiteres Phänomen, das in diesen Zusammenhang gehört, sind Temperatursprünge, wie sie im Organismus überall anzutreffen sind. Das betrifft zum Beispiel Temperaturdifferenzen innerhalb der Zelle sowie zwischen Zellen und Zellzwischenraum, wo punktförmig mehrere Hundert Grad Celsius auftreten können. Nicht von ungefähr haben daher Heiß-kalt-Wechselbäder eine gute therapeutische Wirkung. Die unterschiedlichen Materieeigenschaften sind nur möglich durch die pulsartigen Vervielfältigungen einer Grundstruktur innerhalb des periodischen Systems der Elemente. Warum aber haben Pulse eine größere Wirkung als gleichmäßig einwirkende Kräfte?

Pulse ziehen kurze Pausen in der Kraftwirkung nach sich. Dadurch werden rhythmisch abwechselnd verschiedene Quantenzustände induziert. Jede lokale Veränderung des Quantenzustands hat nun Kraftwirkungen in der Umgebung zur Folge. Ein gleichbleibender Zustand – wir erinnern uns an die lähmende Wirkung der Dauerbeobachtung – ist energetisch neutral. Gepulste Quantenzustände dagegen sind codierte Energie und damit Information. So kommen wir auch zu einer Neudefinition dieses Begriffs: Information ist die Unterbrechung einer Dauerbeobachtung und bewirkt eine Veränderung des gesamten Systems. »Unsere Elektronen steuern uns, führen uns über die Gefühle, um eine Dauerbeobachtung vorzunehmen«, bringt es der Physiker Ulrich Warnke auf den Punkt.

3. Die Bausteine von Geist und Welt

Wir haben einen großen Bogen geschlagen zwischen Geist und Materie und dabei nahezu alle Zentralbegriffe einer Neudefinition gezogen, ausgelöst durch die Erkenntnisse der Quantenphysik. Aber haben wir damit auch den Geist umfassend beschrieben? Letztlich bleibt noch offen, ob Geist eine individuelle Energie ist oder ob sich nicht ein universales Prinzip in ihm verwirklicht.

Die poetischen Worte sprechen eine Erkenntnis aus, die Jahrhunderte vor der Quantenphysik bereits als intuitive Gewissheit existierte. Doch in welchem Verhältnis stehen Geist und Gehirn? Ist der Geist eine Funktion des Gehirns, oder formt der Geist die Hirnstrukturen? Und wenn ja, aus welcher Sphäre stammt der Geist?

Wir müssen uns darüber klar sein, dass jede Aussage über unsere Welt letztlich immer nur eine Aussage über geistige Phänomene ist. Nicht nur deshalb, weil Theologen und Philosophen die ganze Welt für vom Geist durchdrungen halten, sondern weil unsere Gedanken, Gefühle, Vorstellungen, Erinnerungen – also geistige Prozesse – alles beurteilen. Es gibt weder eine neutrale Wahrnehmung noch gibt es eine wertneutrale Beschreibung. Der Theologe und Evolutionsforscher Teilhard de Chardin meinte dazu: »In jedem Teilchen, jedem Atom, jedem Molekül, jeder Materiezelle leben und wirken im Verborgenen die Allwissenheit des Ewigen und die Allmacht des Unendlichen.«

Wir neigen dazu, dem Geist eine Sonderstellung einzuräumen. Er wird gemeinhin der Gesamtheit aus Gedanken, Gefühlen und Empfindungen übergeordnet. Wenn aber der Hyperraum eine permanente Metaebene ist, in der alles gespeichert wird, so ist noch nicht geklärt, wie Informationen jenem Hirnareal übermittelt werden, das »bei Bewusstsein« ist. Können wir hier eine Neubewertung des Bewusstseins vornehmen? Im lateinischen Begriff für Bewusstsein steckt eine Bedeutungsebene, die uns weiterführen kann. »Conscientia« meint wörtlich »mit wissen«. Insofern sind bewusste Menschen »Mitwisser« – und das nicht im kriminellen Sinne, sondern weil sie an einem universalen Wissen teilhaben. Dieses Wissen ist ein Synonym für den Sinn, der sich hinter den Erscheinungen der äußeren Welt verbirgt.

Der Mensch als sinnlich wahrnehmungsfähiges Wesen beobachtet die Dinge, verfestigt Energiekomponenten zu Gewissheiten und greift aus der Fülle der Sinnangebote bestimmte heraus, mit denen er sich Realitäten qua Wahrnehmung erschließt. Je näher er dabei dem universalen Wissen kommt, desto bewusster wird er die Welt wahrnehmen und ergründen. Geist und Bewusstsein erweisen sich auf diese Weise als Matrix eines lebendigen Austauschs mit dem Universum.

Die Kraft von Gefühl, Wille und Glaube

Philosophen aller Epochen haben sich mit der Frage auseinandergesetzt, in welchem Verhältnis Sinneswahrnehmung und geistige Reflexion stehen, wenn es um Welterkenntnis geht. Sind sinnliche Wahrnehmungen wahrhaftig? Oder sind sie eine Quelle der Täuschung? Gesichert ist, dass wir selbst dann noch ein Bewusstsein für unsere Existenz haben, wenn wir alle Sinnesreize ausschalten. Wir können völlig den Kontakt zur Außenwelt und zum eigenen Ich verlieren und dennoch ein Bewusstsein für uns selbst haben. Sinnstiftend und wirklichkeitstiftend ist demnach allein der Geist, so wie es René Descartes in seinem berühmten Satz formulierte: »Ich denke, also bin ich.«

Jeder Mensch hat ein Bewusstein für sein Vorhandensein, für seine pure Existenz. Die Sensoren des Bewussteins sind im Wesentlichen Gefühle; sie ereignen sich zwar weitgehend in den Zonen des Unbewussten, doch erst, wenn wir unsere Gefühle bewusst spüren, sind sie auch wirklich. Vor allem dann, wenn Gefühle das Denken und Handeln steuern, ist das Bewusstsein als »Beobachter« dabei – als verbindende Kraft, die Sehen, Riechen, Schmecken, Hören und Fühlen an Gefühle und Erinnerungen koppelt und später das Handeln konditioniert. So wird eine Realität erzeugt.

Gefühle haben dabei die Aufgabe, wie Messinstrumente Entscheidungen vorzubereiten. Das Bewusstsein erzeugt die subjektive Realität innerhalb der Raumzeit also aufgrund einer emotional geprägten Empfehlung. Insofern könnte man Descartes reformulieren: »Auch weil ich fühle, bin ich.«

Während Wahrnehmung und Intellekt im Allgemeinen stark von der individuellen Gehirnstruktur abhängen, verbinden Gefühle die Menschen intensiver als ererbte Merkmale. Trauer und Freude, Liebe und Hass ähneln sich selbst in sehr unterschiedlichen Kulturen. Die elementarsten Gefühle sind daher die Voraussetzung einer dauernden emotionalen Resonanz zwischen Individuen. So ist erklärlich, wie es zu kollektiven Gefühlen kommen kann, wenn spektakuläre Ereignisse oder Katastrophen eine große, eigentlich unübersichtliche Population ähnlich schwingen lassen. Man könnte sagen, dass unsere Gesellschaft bei der resonanten Übertragung der Gefühle von einem Suggestionseffekt gesteuert wird. Er führt dazu, dass sich selbst komplexe Gefühlslagen rasch ausbreiten, bis hin zu parallelen Reaktionen auf dem Geldmarkt. Anders als sprachlich kommunizierte Inhalte sind Gefühle nonverbale primäre Kommunikationsmittel, die in kleinen Gruppen, aber auch in der Masse funktionieren. Sie wirken im körpereigenen Mikrokosmos und zugleich zwischen Individuen, gleichgültig, ob diese geografisch nah oder weit voneinander entfernt leben. Die Conclusio liegt auf der Hand: Wenn Gefühle unabhängig von Raum und Zeit kommuniziert werden können, so müssen auch sie auf der Wirkung von Elementarteilchen beruhen.

Emotion bedeutet wörtlich übersetzt »nach außen bewegen«, und tatsächlich drängt jedes Gefühl zur äußeren Manifestation: Durch Mimik, Lachen, Schreien, Körperhaltung bis hin zum Tonfall der Stimme werden Gefühle ausgedrückt und kommuniziert. Darüber hinaus sind wir über unsere Gefühlswelt mit Tieren und sogar mit unseren Vorfahren innerhalb der Evolutionskette verknüpft. Im genetischen Bauplan des Gehirns sind Wissen und Emotionen aus Millionen von Jahren gespeichert. Innerhalb einer Lebensspanne von durchschnittlich 80 Jahren verfeinert der Mensch dieses Wissen mit jeder neuen Erfahrung, die er macht. Ohne das genetisch gespeicherte Vorwissen allerdings würden wir in einer sinnlosen Datenflut untergehen. Die genetische Disposition übernimmt eine Filterfunktion, da sie über die Intuition unsere Wahrnehmungen bewertet.

Wie alle anderen Lebewesen wird der Mensch bereits mit einem »unendlich großen« Wissen geboren, das seine Überlebenschancen erhöht. Wie fantastisch sich dieses Wissen auswirkt, können wir an einer einfachen Fliege sehen: Mit ihrem Navigationsvermögen übertrifft sie jeden Bordcomputer eines Flugzeugs. Andererseits bleiben das ererbte Wissen und auch das Kompendium der Gefühle nutzlos, wenn wir nicht lernen, es in der jeweiligen Situation sinnvoll zu modifizieren. Dieser Lernprozess wird angeleitet von Vorbildern, seien es Eltern oder Lehrer, Schauspieler oder Politiker. Da die Prägungen je nach Lebensphase variieren, entstehen permanent neue Präferenzen, die sich zum Beispiel in wechselnden modischen Vorlieben zeigen. Auch übergeordnete gesellschaftliche Ziele wandeln sich aus diesem Grund.

Pragmatische Prägungen treten allerdings zurück, wenn starke emotionale Erlebnisse sie überlagern. In Notsituationen beispielsweise werden Konventionen unwichtiger. Nach einem Flugzeugabsturz im Dschungel geht es nur noch um das Überleben. Starke Emotionen wallen auf, vor allem Angst, gekoppelt mit Hungergefühlen. Selbst wer gute Tischmanieren erlernt hat, wird jede verfügbare Nahrung mit bloßen Händen in den Mund stopfen, um zu überleben. Berühmt wurden auch Fälle von Kannibalismus nach einem Flugzeugabsturz. Die zivilisatorischen Lernprozesse weichen dann zurück hinter ein uraltes genetisches Erbe, das ausschließlich dem Überleben dient.

Doch man muss gar nicht zu extremen Beispielen greifen, um zu belegen, dass Gefühle große Energien in uns freisetzen. Ihre Macht entfalten sie, weil sie überwiegend unbewusst entstehen. Mit dem Willen sind sie nicht zu beeinflussen, ausgelöst werden sie häufig durch Erinnerung und Assoziation. So mancher spricht denn auch davon, er sei seinen Gefühlen »ausgeliefert« oder sogar »ein Sklave seiner Gefühle«. Manipulieren kann man Gefühle nicht, es sei denn, man benutzt wissentlich stimmungsbeeinflussende Vorstellungen, Musik oder auch Düfte. Auch Filme können starke Gefühle auslösen; ein Thriller lässt die Haare zu Berge stehen, ein Liebesfilm die Tränen rollen.

Mit jeder Gefühlsveränderung ändern sich der Tonus des vegetativen Nervensystems, der Hormonhaushalt, die Aktivität des Immunsystems und der Energiegehalt der Zellen. Alle Steuerungsfunktionen, die unseren Organismus weitgehend »automatisch« funktionieren lassen, sind wesentlich von Gefühlen abhängig. Der Wille dagegen ist rein bewusst gesteuert und hat nur begrenzten Zugriff, etwa auf die Gedanken oder auf die Muskulatur. Und der Geist? Welche Kräfte setzt er frei, und von welchen Kräften wird er getragen?

Eine der elementarsten Leistungen des Geistes ist der Glaube. In ihm vereinen sich gleich mehrere Elemente: das

Gefühl und der Wille, das Unterbewusstsein und das Bewusstsein. Schon in der Aufzählung wird deutlich, dass sich hier mentale und emotionale Kräfte bündeln. Der Glaube gehört daher zu den wirkungsvollsten Kräften, die den Körper beeinflussen. Jedes Gefühl, jeder Gedanke, der im Glauben mündet, ist ein Ganzkörpergeschehen. Die Zellen der Organe »fühlen und wollen«. Glaube ist gleichsam körpereigenes Wissen, und Wissen beruht auf Glauben.

Letztlich ist der Glaube nichts anderes als die feste Überzeugung, dass etwas Bestimmtes existiert. Ganz gleich, welcher Religionsgemeinschaft man angehört oder ob man sich als Atheist bezeichnet, jeder Mensch glaubt an etwas. Glaubensinhalte aber sind nichts anderes als selbst erzeugte Realität, die sich bis in die zelluläre Ebene verfolgen lässt.

Auf der subatomaren Ebene kann man den Glauben näher beschreiben, als ein Zweifler vielleicht annehmen würde: Er wird durch die Kraftwirkung der Photonen ausgelöst. Virtuelle Photonen werden dabei sozusagen energetisch aufgepfropft, damit sie als reale Photonen in Resonanz mit der Nachbarschaft Informationen senden können. Davon bleibt die Materie nicht unberührt. Schon die Bibel sagt, dass der Glaube Berge versetzen könne; ein Satz, den jeder Gläubige sofort bestätigen wird. Selbst das Unwahrscheinliche wird wahrscheinlich und schließlich real.

Nicht jedes Mal, wenn wir die Kraft unseres Glaubens bemühen, erfolgt eine makroskopische Veränderung der Materie. Andererseits hält gerade die Bibel anschauliche Beispiele bereit, in denen sich die Materie dramatisch verändert. Jesus Christus konnte seinen Glauben offenbar auf andere Menschen übertragen und bewirkte damit, dass unheilbar Kranke gesundeten und selbst Tote wiederauferstanden. Unser aufgeklärtes Zeitalter tut sich schwer mit solchen Wundern. Wer aber die strukturelle Übereinstimmung von Geist und Materie akzeptiert, hat keinen Grund zur Skepsis. Er wird nicht einen Moment daran zweifeln, dass Spontanheilungen möglich sind, wenn Geist und Materie interagieren.

Im Neuen Testament wird Jesus vom Evangelisten Matthäus mit Sätzen zitiert, die in ihrer Suggestion sofort einleuchten. Er sagt zu seiner Gemeinde, nachdem er einen Feigenbaum hat verdorren lassen: »Ich versichere euch: Wenn ihr Vertrauen zu Gott habt und nicht zweifelt, könnt ihr nicht nur tun, was ich mit diesem Feigenbaum getan habe. Ihr könnt dann sogar zu diesem Berg sagen: ›Auf, stürze dich ins Meer!,‹ und es wird geschehen. Wenn ihr nur Vertrauen habt, werdet ihr alles bekommen, worum ihr Gott bittet.«

Die Quantenphysik hat inzwischen die gesicherte Erkenntnis: Der Glaube dient als Werkzeug zur Kollabierung der Wahrscheinlichkeitswelle und der daraus resultierenden Realitätserzeugung. Dieser Vorgang erlaubt jedoch keinen Zweifel, denn Zweifel ist mit wahrhaftem Glauben nicht vereinbar. Realitätsstiftend wird der Glaube erst, wenn ich fest überzeugt bin. Mehr noch: Ich muss *wissen*, dass die Realisierung meines Gedankens bereits existiert. Wird das, was Realität werden soll, dagegen analytisch zerlegt, erlöschen die Chancen auf eine Manifestation. So wie beim Informationsaustausch von Elektronen muss die imaginierte Realität als Ergebnis feststehen.

Wie Glauben am Willen partizipiert, wird der Wille vom Glauben mitgesteuert. Die Besonderheit des freien Willens ist, dass er aus dem »Nichts« heraus entstehen kann. Die Entscheidung, etwas zu tun, entsteht ohne Reiz, ohne auslösende Energiezufuhr aus einer bereits vorhandenen Nervenerregung. Der Vorgang erinnert an eine Parallelität im Quantenbereich des Vakuums, an die Aussendung von virtuellen Photonen aus dem Nichts ohne jede Energiezufuhr. Bei einer Isolierung des Systems im leeren Raum geschieht dies als Wellenfunktion ununterbrochen ohne materielle Konsequenz, sozusagen als Stand-by-Signal. Sobald aber in der Umgebung Resonanz in Erscheinung tritt, wird aus dem »Stand-by aller Möglichkeiten« plötzlich Realität. Bei der Möglichkeit einer Resonanz ergeben sich augenblicklich materielle Konsequenzen in Form von Bindungskräften zwischen Atomen, zwischen geladenen Strukturen, auch zwischen Molekülen.

Demnach wäre der freie Wille die Ausnutzung des »Stand-by der Möglichkeiten« unter Verwendung des Bewusstseins, das wir bereits als Stifter von Beziehungen und als Steuerinstanz der Vakuumenergie erkannt hatten. Der Einsatz des Glaubens und des Willens ist demnach identisch mit der Steuerung der Photonenausschüttung von Elektronen. Ein Beleg für die Gültigkeit dieses Modells ist die weiter oben beschriebene Spin-Stellung der Teilchen und das Verhalten der Elektronen aufgrund der Überzeugungen, mit denen der Beobachter das Experiment vornimmt (siehe Seite 35f.).

Arthur Schopenhauer interpretierte die Welt als Wille und Vorstellung des Menschen. Man könnte ergänzen: Auch der

Glaube gehört in diesen Kontext. Man sieht, was man glaubt, nicht das, was man für unwahrscheinlich hält. Heute ist der Glaube oft säkularisiert, aber immer noch auffindbar in Thesen wie der vom positiven Denken, das die Wirklichkeit verändert. Wenn ein Kranker fest davon überzeugt ist, dass er gesunden wird, so wird diese Information in sein Zellsystem eingreifen und den alten Gesundheitszustand tatsächlich wiederherstellen. Wir sollten den Mut haben, unser Schicksal und das Schicksal der Welt zu verändern – der Glaube liefert uns ein wirkmächtiges Instrumentarium dafür.

Verortung von Geist und Bewusstsein

Halten wir fest: Gefühl, Glaube und Bewusstsein sind geistige Aktivitäten. Unbeantwortet aber blieb vorerst die Frage, wo genau der Geist zu lokalisieren sei: Entsteht er in unserem Körper, oder ist er unabhängig von uns bereits vorhanden? Haben wir Zugriff auf den Geist, auch ohne Körper? Ist unser Ich Bestandteil eines universalen Geistes? Die Antworten argumentieren an einer Demarkationslinie entlang, die als Alternative zu Reduktionismus und Dualismus lange den Diskurs beherrschten.

Reduktionisten erklären das Bewusstsein durch die Aktivität von Nervenzellen im Gehirn. Ihrer Meinung nach sind Bewusstsein und Geist daher ein Produkt der Materie. Für einfache Organismen mag das richtig sein, denn aufgrund ihrer simplen Informationsstrukturen verfügen sie nicht über ein komplexes Bewusstsein. Was aber den Menschen betrifft, sind Zweifel angebracht. Der Dualismus hingegen behauptet, der Geist existiere unabhängig vom Gehirn und damit losgelöst von der Materie. Beide Sphären, Geist und Gehirn, stünden in Wechselwirkung zueinander. Und in der Tat ist es der Geist, der die Aktivität von Neuronen im Gehirn reguliert und zum Beispiel Muskelbewegungen steuern kann. Umgekehrt kann er den Nervenzellen Information entnehmen, etwa über sensorische Inputs der Sinnesorgane. Insofern bedient sich der Dualismus Vorstellungen, wie sie durch Anschauung intelligenter unsterblicher Elektronen geprägt wurden.

Doch können wir umstandslos dem Dualismus folgen? Um zu einer exakten Antwort zu gelangen, lohnt sich ein differenzierterer Blick auf das Bewusstsein. In der Alltagssprache wird der Begriff meist sehr umfassend verwendet; analytisch betrachtet, erschließen sich jedoch mehrere Schichten. Das **Tagesbewusstsein** kann man als die Wahrnehmung von Großhirnaktivitäten beschreiben, als Wechselbeziehung mit Quanten unserer Materie und Quanten außerhalb des Körpers. Ort des Tagesbewusstseins sind wahrscheinlich die Mikrotubuli-Systeme. Sie bilden kilometerlange Hohlröhren, die als Hohlraumresonatoren elektromagnetische Schwingungen leiten können. Durch Anästhetika und andere Betäubungsmittel können Mikrotubuli-Leitsysteme funktionsunfähig gemacht werden. Wir verlieren unser Bewusstsein, einschließlich der bewussten Erinnerung.

Das **Tagesbewusstsein** wird hauptsächlich durch unsere Erfahrungen beeinflusst. Es konstituiert ein subjektives Wissen, und da der Glaube keinen Zweifel duldet, verfestigt es sich zur Realität. Der so entstandene Zustand entspricht der

Dauerbeobachtung eines Quantensystems, das keine Wahrscheinlichkeitswellen zulässt. Das Tagesbewusstsein moduliert, determiniert und organisiert unser Bewusstsein, auf der Basis von Energie, Materie und Resonanz. Die so entstandene Realität erscheint als gesichert. Da »Realität« aus den lateinischen Vokabeln »res« (Ding) und »revi« (denken) zusammengesetzt ist, könnte man es wörtlich als »alles, woran du denkst« übersetzen. Realität ist entsprechend, was wir »als wahr seiend« denken – und woran wir glauben.

Auch wenn der Glaube im Allgemeinen als etwas Abstraktes betrachtet wird, sehen wir hier, dass das Gegenteil richtig ist. Eine ganze Kette geistiger Tätigkeiten, rückgekoppelt an messbare Gehirnaktivitäten, führt vielmehr zum Glauben. Er basiert auf unseren Wahr-Nehmungen, diese basieren auf ausgewählten Beziehungen zwischen uns und der umgebenden Welt. Was wir denken, wird durch das bestimmt, was wir wahrnehmen. Was wir wahrnehmen, bestimmt, was wir glauben. Was wir glauben, nehmen wir für wahr. Und was wir für wahr halten, ist unsere Realität. Es ist ein Erkenntniszirkel, in dem wir uns befinden, ein geschlossenes System, das allerdings an vielen Stellen durchlässig ist für kosmische Informationen.

Vom Tagesbewusstsein unterscheidet sich das **Schlaf-Traum-Bewusstsein**. Es ist ein Zustand, in dem wir keine Inputs brauchen und in dem wir uns völlig von empirischen Erfahrungen entkoppeln. Stattdessen nehmen wir die Beziehungen zwischen Gehirnarealen und bestimmten Körperzonen wahr. Traumerlebnisse sind genauso subjektive Realität für den Körper wie die vom Tagesbewusstsein erfahrenen

Geschehnisse. Um zu verhindern, dass wir uns im Traum verletzen, wird die Gehirnsteuerung der Arm- und Beinmuskulatur abgeblockt. Deshalb können wir – mit Ausnahme der Schlafwandler – normalerweise im Traum nicht herumirren, während alle anderen Aktivitäten des Körpers subjektiv real sind. Die Folge der Entkopplungen sind weniger makroskopische Resonanzbeziehungen, weniger Materiebindung, dafür mehr Freiheitsgrade für Resonanzen mit freien Elektronen, ausgehend von Nervenmembranen.

Weitreichenden Aufschluss über das Wesen des Bewusstseins gewann man durch die Nahtodforschung. Das Bewusstsein von Menschen, die bereits klinisch tot sind, ist gekennzeichnet durch eine noch konsequentere Entkopplung des Geistes vom materiegebundenen Resonanzgeschehen. Eine gesteigerte Aktivität freier Elektronen und freier Radikale findet statt, was zu Erlebnissen im universellen Raumzeit-Geschehen führt. Es ist ein Wahrnehmen und ein Spüren des »Bewusstseinssphäre« der Atome und Elektronen außerhalb der Körpermaterie.

Der Kardiologe Michael Sabom hat systematische Untersuchungen zu Nahtoderfahrungen angestellt. Dabei hat er alle wissenschaftlich-methodologischen Kriterien einbezogen, die heute bei psychologisch relevanten Experimenten anzulegen sind. Wenn sich Lebensvorgänge dem Tod zuwenden, wird das Bewusstsein von seinem materiellen Substrat – dem Gehirn – befreit. Das Bewusstsein gelangt in ein neues Stadium. Das Nervensystem wird nicht mehr mit Energie versorgt und stellt seine Aktivität ein. Doch der menschliche Geist hört nicht auf zu existieren. Von Patienten, die wiederbelebt werden konnten, sind detailreiche Schilderungen dokumentiert. Übereinstimmend berichten sie von Exkorporierung, von Schwebezuständen im unendlichen Raum, von paradiesischen Landschaften und Glücksgefühlen. Sie hatten keine Angst, auch nicht vor der Auslöschung ihrer Seele und ihres Geistes. Vielmehr spürten sie, dass sie in eine höhere Ebene glitten.

Die Auswertung der Nahtoderlebnisse lässt den Schluss zu, dass diese Menschen eine Ahnung ihrer Ewigkeit erhielten, als sie die Schwelle ihrer materiellen Existenz überschritten. Ihr Bewusstsein war unzerstörbar; sie konnten sogar Personen wahrnehmen, die sich zum Zeitpunkt des klinischen Tods im Raum befanden, und ihre Gespräche hören – obwohl der Körper nicht mehr lebte. So kamen wertvolle Impulse aus der Nahtodforschung. Alle Patienten berichteten übereinstimmend von dem tiefen Frieden, den sie empfunden hätten; vermutlich ist es der Zustand absoluter Harmonie mit dem Universum, den sie erleben durften.

Entstehung und Konsequenzen von Gedanken

Was ist ein Gedanke? Wie entsteht er, und welche Voraussetzungen müssen gegeben sein, damit unser Denkvermögen zu einer geistigen Tätigkeit wird? Das Gehirn, in dem wir die Entstehung unserer Gedanken erwarten, ist beschreibbar – Milliarden Nervenzellen, Synapsen und Transmitter sind ununterbrochen aktiv. Nehmen wir an, wir könnten solch ein System mit technischen Mitteln perfekt nachbauen – könnte man dann tatsächlich von einem Gehirn sprechen? Hätte es

Bewusstsein? Würde es sich freuen oder ärgern über sensorische Eingaben, so wie das biologische Gehirn?

Wohl kaum. Denn es ist der Geist, der uns vom Roboter trennt. Wie aber arbeitet er konkret? Wir denken und erkennen gedanklich und emotional ein Ziel, eine Situation oder ein Geschehen (A-Gefühl). Daraufhin entwickelt sich ein neues Gefühl (B-Gefühl), das motivierend wirken soll, die Situation dem Körpergeschehen anzupassen, das Geschehene zu würdigen oder ein bestimmtes Ziel zu erreichen. Nehmen wir an, dass es sich um ein trauriges Erlebnis handelt. Aufgrund des B-Gefühls wird jetzt – möglicherweise sogar außerhalb des Gehirns – Materie gesteuert. Das passiert in Form peripherer Nervenaktivitäten und Transmitterausschüttung mit hoher Verstärkerwirkung. Tränen werden gebildet und ausgeschüttet. Wir weinen. Aufgrund der Materiesteuerung durch Transmitterausschüttung ergeben sich Folgegefühle durch aktivierte Hormone (C-Gefühl), wie zum Beispiel *Erleichterung*. Das Erleben und Wahrnehmen der Beziehungen 1. bis 4. wird zur Erfahrung.

Wenn wir nach Parallelen zwischen unserer Gefühlswelt und dem Quantengeschehen suchen, dann stellen wir fest, dass die Elektronenkommunikation im Sinne der vorhin vorgestellten Absorber-Theorie (siehe Seite 48f.) nicht sehr viel anders verläuft als die gerade aufgezeigten Geschehnisse 1. bis 5. Tatsächlich haben Gefühle, Glaube und Geist einerseits und Elektron und Quant andererseits verblüffende Gemeinsamkeiten. Gefühle, Glaube und Geist unterliegen quantenmechanischen Gesetzen: Unschärfen, Komplementaritäten, Quantensprüngen, Nonlokalitäten. Die Unschärfe können wir sogar selbst ausprobieren: Stellen wir uns die Aufgabe, unser momentanes Gefühl zu analysieren. In dem Augenblick, in dem wir das tun, ist das Gefühl plötzlich verschwunden und hat einem neuen Gefühl Platz gemacht – einer Art Neugier oder Motivation. Ein Gefühl lässt sich durch den Intellekt nicht bestimmen. Konzentrieren wir uns dagegen auf eine rein intellektuelle Handlung, dann werden die Gefühle verdrängt. Gefühl und Intellekt sind komplementär, es gilt die Unschärfe.

Der Quantenphysiker David Bohm gab einmal ein ähnliches Beispiel: Konzentrieren wir uns auf den Inhalt eines Gedankens, so verlieren wir die Richtung aus den Augen, in die der Gedanke gehen will. Konzentrieren wir uns allerdings auf die Richtung des Gedankens, sehen wir seinen Inhalt weniger genau.

Gefühle und Empfindungen sind zwei völlig verschiedene Vorgänge. Ein Gefühl wird nicht wahrgenommen, es agiert eigenständig. Bei einer Empfindung wandern Elektronen von einem Ort zum anderen. Die Empfindung entspricht einer quantenphysikalischen Ortungsmessung mit dem Wahrnehmungsapparat. Wir wissen aus unserer eigenen Erfahrung, dass das Denken folgerichtig und logisch verläuft, chronologisch in der Zeit. Gefühle dagegen steuern unsere Energie. Da Gefühle selbst mit Energie gleichzusetzen sind, handelt es sich um kompatible Größen, und die Änderung der Zellenergie korreliert mit der Änderung eines Gefühls. Energietransformation ist daher dem Wesen nach Gefühlstransformation.

Ist die vorhandene Energie deutlich geringer als die für die psychische Bewältigung der Situation notwendige Energie, dann wird das Gefühl nicht nur rechnerisch negativ, sondern auch psychisch. Das hat Konsequenzen für alle Körperfunktionen. Wenn der Zustand über längere Zeit anhält, kann der betroffene Organismus empfindlich geschädigt werden. Negative Gefühle wirken nachweislich destruktiv, vor allem auf das Immunsystem.

Ein niedriger Zellenergielevel hat auch aus einem anderen Grund psychosomatische Auswirkungen: Unsere vegetativen und hormonellen Regulationen verlaufen normalerweise weitgehend automatisch über Regelkreise. Sie steuern sich gewissermaßen selbst. Um sie stabil zu erhalten, muss eine vergleichsweise große Menge an Energie bereitgestellt werden. Wird diese Energiezufuhr durch Stresssymptome unterbrochen, ist der Regelkreis nicht mehr geschlossen und kann zusammenbrechen.

Gefühl und Glaube sind Teil der Psyche und beeinflussen das Verhalten. Daneben wirkt die Psyche aber auch auf die Modulation der Regelkreisenergie ein. Werden Emotionen übermächtig und können nicht mehr verarbeitet werden, entsteht daher ein Dominoeffekt: Die destabile Psyche verbraucht überproportional viel Energie, und ist der Regelkreis bereits energetisch geschwächt, wird die Psyche zum Gefahrenfaktor. Sie entzieht dem Körper Zellenergie (Adenosintriphosphat, ATP) und macht ihn zum Spielball der negativen Emotionen – mit dem ganzen Register ihrer Möglichkeiten: Angst, Unruhe, Nervosität. Als Korrektiv versucht die Psyche dann, Gelassenheit, Selbstwertgefühl und Ruhe zu erzeugen, doch solche emotionalen Wechselbäder belasten den Körper zusätzlich.

Da im Alter weniger Energie für die Regelkreise zur Verfügung steht, ist bei älteren Menschen der Einfluss der Psyche, der Gefühle, des Glaubens und – daran gekoppelt – der Erinnerung deutlich stärker als bei jungen Menschen. Zu diesem Zeitpunkt besitzen sie aufgrund langjähriger Erfahrungen mehr oder weniger »Weisheit«. Sie gönnen sich mithilfe von Erinnerung und Imagination vorrangig gute Gefühle, die den Funktionen des Körpers zugutekommen. Man könnte auch sagen, dass ältere Menschen mehr nach innen schauen als auf die äußere Welt. Instinktiv bereiten sie sich damit auf die Ablösung von der materiellen Welt vor. Alte Kulturen und Naturvölker unterstützen diesen Weg, während die westlichen Gesellschaften diesen Zusammenhang verkennen. Nicht von ungefähr nehmen psychosomatische Funktionsstörungen sowohl bei jungen als auch bei älteren Menschen auffällig zu.

Haben sich die Betroffenen gedanklich in eine Angstspirale eingeklinkt, wird die Außenwelt weggeblendet, da die körperlichen Empfindungen ganz im Bann der Angstgefühle stehen. Ein Ausklinken aus der schädigenden Spirale ist nur möglich, wenn das Körperinteresse auf Außenkurs gebracht werden kann. Dann ergibt sich die Chance, dass das Angstgefühl gegen Neugier, Explorationsdrang, Motivation und Interessen ausgetauscht wird. In Richtung Außenwelt werden dann neue Realitäten geschaffen, und die Dauerbeobachtung der Angstfolgen, die immer die Ausbreitung einer neuen Wahrscheinlichkeitswelle blockiert, kann ausgesetzt werden. Im günstigsten Fall kann nun die Innenwelt »frische« Energie beziehen. Auch das negativ-psychisch kontrollierte Eigenfeedback tritt in den Hintergrund. Alles läuft automatisch harmonisch – bis zur nächsten Panik. Die betroffenen Menschen spüren intuitiv, dass es etwas geben muss, was ihnen Ruhe beschert, doch sie finden nicht den Schlüssel dafür.

Weitgehend unbekannt ist, dass es angeborene Dispositionen für Glücksgefühle gibt, die archaisch an bestimmte Merkmale gebunden sind: an den Duft von Heu, an den Anblick grüner Vegetation, an klares, plätscherndes Wasser und Vogelgezwitscher. Die Natur trägt das therapeutische Prinzip in sich. Da wir aber im Prozess der Zivilisation das Gespür dafür verloren haben, suchen viele Antworten in der Esoterik. Zweifellos nutzen manche Gurus dieser Welle geschickt die Sehnsucht nach Übersinnlichem aus, oft zum eigenen kommerziellen Vorteil. Unabhängig davon, muss man sich fragen, ob die Sehnsucht nach Kenntnis der Kräfte, die hinter unseren Lebensphänomenen stehen, nicht ernster genommen werden muss. Möglicherweise könnte vielen Menschen in psychischer Not geholfen werden.

Was ist Geist?

Eine Definition des Geistes ist heute nicht mehr möglich ohne die immensen Erkenntnisfortschritte der Quantenphysik und der Neurochemie. Folgende Erklärung des Geistes erscheint mir plausibel: Der Geist ist die sich laufend verstärkende Asymmetrie in der Matrix des Subquantenfelds und der Raumzeit. Er ist eine intelligent sich fortentwickelnde »Störung« der Gleichförmigkeit dieses Feldes, wirkt im Vakuum und baut Materie auf, um vielfältige »Erfahrungen«

zu berücksichtigen. Und nicht zuletzt hat der Geist Zugriff auf die Gesamtheit aller Elektronen.

In dieser Sichtweise sind wir Teil des Geistes und deshalb an seiner Universalität beteiligt. Das Bewusstsein ist allgemein der aktuelle Zugriff auf die Schaltstelle im Vakuum zur Herstellung von Beziehungen und zur Erzeugung von Realität. Die Gedanken und Vorstellungen sind die Momente, in denen in unserem Körper energetisch die virtuelle Welle zur Realität und zur Manifestation aufgeladen wird – so wie bei den Experimenten zur Beeinflussung des Elektronen-Spins.

Der Wille adressiert die Angebotswelle und akzeptiert die Bestätigungswelle. Er dirigiert das Resonanzziel und die Reflexion, also das Feedback. Der Glaube, das körpereigene Wissen und die Erfahrung manifestieren und verfestigen Quelle und Ziel einer Interferenzschwingung, repräsentiert also den Istzustand durch eine Art »Dauerbeobachtung«. Der Neurologe László Bácsi meint, dass wir nur sensibel für Quanten-Vakuum-Wechselwirkungen sind, wenn chaotische Momente und nicht stabile Regelmomente vorherrschen. Diese Meinung stimmt mit meiner Darstellung überein. Wenn stabile Regelkreise vorliegen, kann es keine Veränderung geben, da feste Resonanzbeziehungen durch den Beobachter vorliegen.

An dieser Stelle wird deutlich, warum der Drogenkonsum so populär werden konnte und warum eine körperliche wie psychische Abhängigkeit entsteht. Drogen und andere halluzinogene Stoffe stiften Chaos im Regelwerk des Organismus. Neue, ungebahnte Resonanzmöglichkeiten werden möglich. Deshalb werden beim Drogenkonsum vermutlich die Chancen zur Einwirkung in die Vakuumenergie erhöht, was als bewusstseinserweiternd wahrgenommen wird: Alle Empfindungen steigern sich, die Optionen des Denkens und Wahrnehmens überschreiten alle Grenzen.

Zwei Möglichkeiten sind denkbar für die Beherrschung der Vakuumenergie: Die erste besagt, dass Wille und Glaube mithilfe des Gehirns selbstständig die Energiezufuhr in das Vakuum regeln, wobei sich die tastenden, virtuellen Quanten über den »Vakuumschalter« in reale verwandeln und die Realitätsbildung einleiten. Dies entspräche einer Weiterführung des Reduktionismus. Ein zweiter Erklärungsansatz geht davon aus, dass Wille, Glaube und möglicherweise auch Gefühlskräfte substanziell Teile des Geistes und universell bereits vorhanden sind. Zur Steuerung der Vakuumenergie würden diese »Muster« mithilfe des Gehirns – als eine Art Kanalisierung – zum Nutzen des Individuums verwendet. Dies entspräche in etwa den Vorstellungen des Hirnforschers John Eccles.

Welcher dieser beiden Möglichkeiten man den Vorzug geben sollte, können wir heute noch nicht beantworten. Alte Denktraditionen favorisieren die erste These. Wenn man allerdings bedenkt, dass mehrere Nobelpreisträger und Erfinder berichten, der entscheidende Gedankensprung sei ohne jede Anstrengung der Intelligenz erfolgt, manchmal sogar im Traum, dann wirkt die zweite These einleuchtender. Die Vorstellung eines universell vorhandenen Geistmusters, das Wissen und Glauben hervorbringen kann, harmoniert mit Erkenntnissen, die wie Erleuchtungen wirken.

Viele bedeutende Physiker schildern ähnliche Erfahrungen. Jack Sarfatti schreibt: »Wir haben erkannt, dass Bewusstsein und Energie eins sind.« C. G. Jung postuliert: »Psyche und Materie sind aus demselben Stoff.« Und Arthur Stanley Eddington pointiert seine Theorie in dem Satz: »Der Stoff der Welt ist Geist-Stoff.« Eine Trendwende scheint sich abzuzeichnen, die das Verhältnis von Geist und Materie neu bestimmt. Eindringlich erläutert das James Hopwood Jeans: »Nimmt man die unterschiedlichen möglichen Beweisführungen zusammen, wird es immer wahrscheinlicher, dass Realität mit ›geistig‹ treffender beschrieben wird als mit ›materiell‹. Das Universum scheint einem großen Gedanken ähnlicher zu sein als einer großen Maschine.« Mit Arthur de Broglie könnte man hinzufügen: »Physik, Metaphysik, Fakten und Ideen, Materie und Bewusstsein sind ein und dasselbe.«

Die philosophischen Implikationen referiert Werner Heisenberg mit den Worten: »Die übliche Teilung der Welt in Subjekt und Objekt, Innenwelt und Außenwelt, Körper und Seele ist nicht mehr angemessen.« Auffallend ist, dass sich gerade Physiker des 20. Jahrhunderts zunehmend mit der transzendenten Dimension des Geistes auseinandersetzten, auch dann, wenn sie nicht im engeren Sinne gläubig waren. Es kommt schon einer gewissen Paradoxie gleich, dass der bekennende Atheist Albert Einstein den Geist fast anthropomorph schildert: »Jeder, der sich ernsthaft mit der Wissenschaft beschäftigt, gelangt zu der Überzeugung, dass sich in den Gesetzen des Universums ein Geist manifestiert – ein Geist, der dem des Menschen weit überlegen ist und angesichts dessen wir uns mit unseren beschränkten Kräften demütig fühlen müssen.« Nachdem der Schöpfergott säkularen

Weltbildern gewichen war, kehrte der Schöpfungsgedanke mit der Kategorie des Geistes wieder zurück, was sich auch in einem Kommentar John Archibald Wheelers finden lässt: »Wir erschaffen zwar subatomare Teilchen und damit das ganze Universum – aber umgekehrt erschaffen sie auch uns. Eines erschafft das andere im Rahmen einer selbstregulierenden Kosmologie.«

Wenn unser Bewusstein im Experiment Spins ausrichten kann, dann heißt das physikalisch, dass unser Bewusstsein Kräfte sogar über die Grenzen unseres Körpers hinaus dirigieren kann. Aber sind das Wechselwirkungen, wie Wheeler mutmaßt? Sind wir Wesen mit freiem Willen, die das Universum erkunden wollen, oder sind wir nur Werkzeuge, mit deren Hilfe das Universum sich selbst erkunden will?

Ich komme zu folgender Erklärung: Gedanken sind potenziell eingeprägt im Subquantenfeld. Sie werden von Elektronen getragen, die ihre Eigenschaften verändern, ihre Bewegungsrichtung, ihre Polarisation, ihren Spin. Dieses Verhalten der Elektronen ist mit der Aussendung von realen Photonen verbunden, die vorerst als sich kugelförmig ausbreitende, elektromagnetische Schwingungen betrachtet werden müssen. Damit erhöhen sie raumübergreifend die Wahrscheinlichkeit, auf Absorptionsstrukturen respektive auf Resonanz zu stoßen. Die Welle trifft auf virtuell aktive, kurzlebige Vakuumeruptionen, die zum Teil in Polarisation und Frequenz in Resonanz mit der eintreffenden Welle liegen. Es kommt zur Energieübertragung.

Die Vakuumeruption lädt sich anschließend mit Energie auf und wird zu einer elektromagnetischen Welle mit Fernwirkung, die ihrerseits Elektronen anregen kann. Alle Elektronen können antworten. Da die neu angeregten Elektronen permanent Echos aussenden, kommt es schließlich zur Verfestigung, zur Realität. Die Auswahl der geeigneten Elektronenkonfigurationen geschieht durch das sogenannte Adressing. Der Verfestigung liegt primär eine Spin-Feinausrichtung zugrunde. Die Fernleitung im Organismus verläuft konduktiv von Molekül zu Molekül und verstärkt sich über die kugelförmige Wellenausbreitung. Molekular lässt sich die Wirkung vergleichen mit dem »Öffnen spezifischer Tore«.

Dabei wird eine Fülle weiterer Signalgeber freigesetzt, zu denen vor allem Neurotransmitter gehören. Sie sind Sender neuer elektromagnetischer Wellen und bewirken eine weitere energetische Verstärkung: Diverse Antennen sind an diesem komplexen Vorgang beteiligt, und theoretisch gibt es keine zeitliche Begrenzung des Energietransfers. Dadurch entstehen makroskopisch projizierte Wirkungen – also sichtbare, materielle Konsequenzen. Schon Max Planck hatte erkannt: »Es gibt keine Materie, sondern nur ein Gewebe von Energien, dem durch intelligenten Geist Form gegeben wird.«

Die Erweiterung der Wirklichkeit

Wie Sie möglicherweise bemerkt haben, wird die Relevanz der Quantenphysik von der breiten Öffentlichkeit immer noch unterschätzt. Daher sind ihre Inhalte auch wenig bekannt, und manche Begrifflichkeiten wie Subquantenfeld oder Hyperraum irritieren Sie sicherlich. Um die Abläufe transparenter zu gestalten, möchte ich daher kurz erläutern, was es mit diesen Begriffen auf sich hat. Nur auf diese Weise können wir uns mit übergeordneten Räumen befassen, die eine entscheidende Rolle für Geist und Bewusstsein spielen.

Es scheint so, als ob das Zitat von René Descartes »*Ich denke, also bin ich*« eine weitaus größere Bedeutung hat, als von den meisten angenommen. Ein weiteres Mal möchte ich den Satz modifizieren: »Wir denken, also existiert das Universum.« Das ist keine Hybris, sondern Realität, denn offenbar vermögen es lediglich unsere Gedanken, das materielle Universum aufrechtzuerhalten.

Das, was sich letztlich wahrnimmt, sind aber nicht die Gedanken. Es gibt vielmehr eine übergeordnete Ebene, die sich wahrnimmt und die Gedanken nur verwendet. Dieser Teil unseres Seins ist praktisch unsterblich, und einige Theoretiker meinen hier das Wesen der Seele zu erkennen. Ich bin mit solchen Spekulationen äußerst vorsichtig, da die Seele im theologischen Argumentationszusammenhang diffus bleibt und keine naturwissenschaftliche Entsprechung anbietet.

Bei meinen Recherchen zu den physikalischen Grundlagen der Begrifflichkeiten von Lebensenergie und Information in der Homöopathie bin ich auf das Werk des Physikers Burkhard Heim gestoßen. Heims Quantenfeldtheorie beschreibt für mich erstmals in überzeugender Weise den Einfluss nicht energetischer Strukturen wie Bewusstsein und Geist auf die energetische sowie auf die materielle Welt. Damit könnte Heims Modell geeignet sein, viele wissenschaftliche Grenzgebiete zu enträtseln – Geist-Körper-Interaktion, geistiges Heilen oder parapsychologische Phänomene. Allerdings musste Heim als Physiker einen überaus komplexen mathematischen und logischen Formalismus verwenden, um seine Theorie darzustellen. Entsprechend anspruchsvoll sind seine Bücher; dennoch versuche ich, mich so klar wie möglich zu fassen.

Der Begriff »Realität« wird im Allgemeinen auf die Außenwelt und ihre Ereignisse angewendet. Die Außenwelt, so eine verbreitete Vorstellung, existiert unabhängig vom Menschen, dem Beobachter, als Realität. Der Mensch kann die Außenwelt über seine Sinne wahrnehmen. Der Umgang mit der Umwelt umfasst also nur eine Untermenge von Realitäten, eine eingeschränkte Realität, die den Sinnen zugänglich ist.

Es ist hier angebracht, eine logische Unterscheidung zwischen den Begriffen Realität und Wirklichkeit zu treffen. Realitäten wirken auf Menschen ein und werden als Wirklichkeit erfahren. Das geschieht durch starke Erlebnisse und deren physische, psychische und mentale Verarbeitung. Ereignisse finden im Raum und aufeinanderfolgend im Sinne einer chronologischen Ereigniskette statt; das heißt, dass sie Punkte einer vierdimensionalen Raumzeit sind. Diese Ereignisse sind quantifizierbar und betreffen auch die Physis.

Es stellt sich nun die Frage, ob es außerhalb der Raumzeit logische Bereiche gibt, in denen ein Geschehen definierbar ist – und ob es andere logische Bereiche gibt, die nicht physischer Natur sind. Immerhin betreffen Ereignisse nicht nur die Außenwelt; sie können sich auch als Ereignisse des psychischen Innenraums manifestieren.

Ereignisse des Innenlebens haben unter Messkriterien nur einen entscheidenden Nachteil: Sie sind nicht quantifizierbar, da sie allein qualitativer Art sind. Dennoch können die Ereignisse psychischer Erlebnisräume die Außenwelt beeinflussen und somit quantifizierbare Auswirkungen haben. Beispiele hierfür sind Visionen, Träume und Vorstellungen. Wie aber soll man »qualitative Bereiche« näher bestimmen? Geraten wir hier in eine Sackgasse des Ungefähren?

Zwei Hypothesen könnten sich in diesem Kontext als sinnvoll erweisen. Sie erlauben Mutmaßungen über die Ganzheit der Welt und könnten beide wahr sein. Hypothese A besagt, dass die Welt gleichbedeutend mit der Physis und als solche mathematisierbar und quantifizierbar sei. Auch der Umkehrschluss würde dann gelten: Was nicht mathematisierbar ist, existiert nicht. Hypothese B wagt eine übergreifende Perspektive. Sie exponiert den Gedanken, dass eine unbekannte übergeordnete Weltganzheit existiert. Die Physis wäre dann nur ein uns zugänglicher Teilbereich dieser Ganzheit.

Beim Vergleich der Hypothesen kommt es darauf an, welche das Weltganze erklären kann. Die erste behauptet implizit, dass Biochemie, Biophysik und Biologie den Lebensprozess vollständig erklären können. Die zweite behauptet: Die Quantentheorie der Valenzschalen der atomaren Elemente des Lebens müsste alle Lebensprozesse beschreiben können.

Zur Evaluierung der Hypothese A wurde der darwinsche Evolutionsprozess ausgewählt. Die darwinsche Sicht der Evolution – Zufallsprozesse mit nachfolgender Selektion – lässt allerdings einige Fragen offen. So ist die Zeitfrage nach Entstehung und Entfaltung der Arten nicht geklärt. Statistische Berechnungen widerlegen den Zeitraum, der zur Entstehung der Vielfalt der Arten notwendig war, als zu kurz. Aus der Altersbestimmung der Fossilien lässt sich herleiten, dass die Evolution typostrophenhaft und konvergierend erfolgte, dass also dem Beginn jeder Artenentwicklung unbrauchbare Formen vorausgingen. Bildlich gesprochen: Die Natur sammelt Erfahrungen und probiert moderate Formen für das endgültige Exemplar aus. Typostrophenhaft ist die Evolution immer dann, wenn sich aus einer Art mit hoher Evolutionsgeschwindigkeit neue Arten entwickeln.

Am Anfang der Artenentfaltung ist die Entwicklungs- und Änderungsgeschwindigkeit also sehr hoch, was man als Typogenese bezeichnet; im weiteren Verlauf geht sie dann exponentiell nach unten. Auf die exponentielle Phase folgt die »konstante darwinsche Phase«, Typostase genannt, mit konstanter Änderungsgeschwindigkeit. Beim Aussterben einer Art kommt es zu einem steilen Anstieg der Änderungsgeschwindigkeit der Art, was wiederum mit dem Fachbegriff Typolyse belegt wird. Nach Otto Heinrich Schindewolf entwickelt und ändert sich daher eine Art im Dreierschritt *Typogenese–Typostase–Typolyse*. Wenn ein neues Prinzip in die Natur eingebracht wird, entwickelt sich zunächst ein Demonstrationstyp, der dieses Prinzip ausprobiert.

Die Artenentfaltung kann man beispielhaft an den Vögeln verfolgen. Ihre Entwicklungsreihe begann auf der Stufe der Reptilien in Form von Großechsen mit Vogelskelett und Greifklauen. In einem kurzen Zeitintervall verwandelten sich dann die Greifklauen in abspreizbare Stummel, die wir als Vorformen des Flügels erkennen. Sie dienten der Stabilisierung sehr schnellen Laufens durch Luftkräfte. Der nächste Evolutionsschritt in Richtung Vogel war der Saurier mit Hautflügeln. Sein schwerer Knochenbau bot allerdings keine gute Voraussetzung für das Fliegen. Plump anmutende Flugbewegungen wurden durch die Entwicklung von Röhrenknochen ermöglicht.

Die Flugeigenschaften verbesserten sich mit den Segelflüglern unter den Sauriern. Segelflügler besaßen Gleiteigenschaften und konnten sich dadurch den Luftströmungen anpassen. Eine weitere Verbesserung der Aerodynamik bildeten Borsten auf den Flügeln. Da die Borsten innerviert waren, konnte das Tier aufgrund von Rückkoppelungen mit Luftströmungen die Anstellwinkel der Flügel verbessern. Der letzte Schritt zum »ersten Vogel« war schließlich die Umwandlung der Borsten in Federn.

Die Entwicklung der Prinzipien »Röhrenknochen«, »Flügel«, Regulierbarkeit der Flugeigenschaften über »Borsten«, dann über »Federn« bildet eine konvergente Reihe. Schaut man sich die skizzierte Entwicklung an, so ist ein »zielloses Herumexperimentieren der Natur« mit nachfolgender Selektion als Evolutionsprinzip ausgeschlossen. Die Komplexität der Artenentwicklung, verbunden mit einer hohen Stabilität der entwickelten Typen, wirft die Frage nach einem dahinterliegenden Motiv auf – analog zu Wheelers Bemerkung: »Eines erschafft das andere im Rahmen einer selbstregulierenden Kosmologie.«

Die Ergebnisse der Evolution setzen eine komplexe Organisation von Informationen voraus, welche die Artenentwicklung ausrichtet und steuert. Für die Entweder-oder-

Entscheidung in Bezug auf die Hypothesen A und B bedeutet dies: Der mathematisch physikalische Ansatz der Hypothese A muss falsch sein, da sich die Entwicklung des Bios, hier die Artenentwicklung, nicht allein durch quantifizierbare Elemente herleiten lässt. Ein weiteres System logischer Aussagen wird benötigt. Da die beiden Hypothesen A und B mit einer Entweder-oder-Verknüpfung verbunden sind, folgt: Wenn Satz A nicht richtig ist, so ist Satz B richtig. Das bedeutet: Es existiert eine unbekannte, übergeordnete Weltganzheit, in der die Physis nur einen Teilbereich darstellt.

Es liegt auf der Hand, dass allein Hypothese B brauchbar ist, da sie auch zusätzliche Aspekte einbezieht, die nicht mathematisierbar sind. Und selbstverständlich ist die Psyche ein solcher Aspekt, ebenso wie der Geist. Der Aufbau der Welt ist mit Hypothese B stringent erklärbar. Bezogen auf materielle Ereignisstrukturen, existiert der Bereich der Physis in der Raumzeit. Diese ist quantifizierbar. Weiterhin existiert der Bereich der Psyche. Zwischen Physis und Psyche entfaltet sich nun der Bereich des Bios, das biologische Geschehen. Das Pneuma wiederum umfasst den Bereich des Mentalen. Wahrnehmungs- und Bewusstseinsprozesse entfalten sich daher als Querbeziehungen und Kopplungen psychophysischen Geschehens.

Als Beispiel einer Querbeziehung dient der Prozess des Sehens. Der physische Teil des Prozesses läuft ab, indem ein Bild auf die Netzhaut projiziert wird; daraufhin wird es in Untereinheiten zerlegt. Jeder Untereinheit entspricht eine bestimmte Photonenfrequenz (Farbe) und eine bestimmte Photonenamplitude (Helligkeit). Der dargestellte energetische

Einfluss wandelt sich um in Ionisationsschwingungen des Nervus opticus – Energie wandelt sich um in Wärme und chemische Potenziale. Der quantitative Vorgang schlägt jetzt um in einen qualitativen Prozess: das Erlebnis eines psychischen Innenraums.

Der Mensch hat Anteil an allen vier Bereichen. Materiell ist er fest in der Physis verankert (Biochemie, Biophysik), im Rahmen der Bioorganisation im Bios, mit seinen psychischen Eigenschaften Wahrnehmen, Erkennen, Empfinden und Mitfühlen im Bereich der Psyche. Als bewusste Persönlichkeit erschließt sich ihm der Bereich des Mentalen. Aus dem beschriebenen Sachverhalt folgt, dass auch die Physis als quantifizierbarer Bereich nicht allein durch die Gesetzmäßigkeiten der Physik der Raumzeit deutbar und berechenbar ist.

Die fehlende Größe in diesem Modell ist die Information. Zur Beschreibung der Materie und ihrer Zustände sind Information und Organisation notwendig. Nach Heim hat die materielle Welt nicht nur vier, sondern sechs Dimensionen. Die zwei zusätzlichen Dimensionen umfassen Organisationszustände, Ideen und Prinzipien. Die fünfte Dimension wird relativ platonisch gedeutet – als Seiendes im Sinne strukturierter Information. Die materielle Ebene ist der quantifizierbare Schatten der Welt, ebenfalls ganz im Sinne Platons, der davon ausging, dass nur dieser Schatten erkennbar sei.

Welche prägnanten Unterschiede zur klassischen Physik lassen sich nun in der Quantenphysik und im heimschen Modell ausmachen? Die klassische Physik traf perfekte Aussagen über eine eindeutige Vergangenheit – über Vorgänge also, die, indem sie bewusst werden, bereits vergangen sind. Die Quantentheorie hingegen macht Aussagen über eine mögliche Zukunft mithilfe von Wahrscheinlichkeiten, mithilfe einer großen Anzahl von Mikrozuständen. Die Observable (als Summation über alle Einzelwahrscheinlichkeiten) ist der Zustand größter Wahrscheinlichkeit. Kausalität ist im Mikrobereich durch die große Anzahl atomarer Elemente und ihrer Organisationszustände nur vorgetäuscht.

Die holistische Physik nach Heim und Dröscher folgert daraus die Existenz eines Hyperraums. Aus den Unterräumen dieses Hyperraums erscheinen Abbildungen zeitloser Funktionen und Strukturen in der Raumzeit. Diese Abbildungen werden nun als Wahrscheinlichkeitsfelder gedeutet, die den Mikro- und Makrobereich in der Raumzeit steuern. Die hier beschriebenen Ansätze einer nicht kausalen Physik sind grundlegend für den Geltungsbereich von Hypothese B: Es existiert eine übergeordnete Weltganzheit. Die Physis ist nur ein Teilbereich dieser Ganzheit.

Dieser platonisch gedeutete Ansatz bietet eine intelligible Erklärung der Artenentwicklung. Nach Dröscher sind »Blaupausen« der Evolution im Hyperraum denkbar. In der Raumzeit stellt sich der Vorgang der Artenentwicklung, insbesondere die Ausbildung der Übergangsformen, dann folgendermaßen dar: Übergangsformen treten in bestimmten Zeitabschnitten auf. In relativ kurzer Zeit werden neue ausgewählte (passende) Informationen in Form von neuem genetischem Material der DNA einer bestimmten Lebensform hinzugefügt. Dieser Vorgang setzt ein Schließen der Phosphorsäure-Diesterbrücken in der Doppelhelix der Desoxyribonukleinsäure voraus. Das Schließen der Brücken erfolgt durch gezielte Steuerung mittels quantentheoretischer Wahrscheinlichkeitsamplituden, die aus dem Hyperraum projiziert werden.

Bis vor Kurzem galt diese Auffassung als undenkbar und die materielle Seinsschicht als die einzig existierende. Da jeder Vorgang in den höheren Seinsschichten stets Begleiterscheinungen in der untersten, materiellen Schicht aufweist, kommt es leicht zu diesem Irrtum. Als wichtigster Vertreter dieses Materialismus wird meist Sir Isaac Newton bezeichnet; doch im Grunde war Newton ein Esoteriker, der zwar auch die Physik ausführlich beschrieb, ebenso aber auch geistige Phänomene beobachtete. Er war seiner Zeit weit voraus und wusste bereits, dass Lebensvorgänge im Organismus von Biophotonen gesteuert werden.

Die moderne Quantenphysik hat gezeigt, dass die zweiwertige aristotelische Logik (*tertium non datur*, der Satz vom ausgeschlossenen Dritten) nicht geeignet ist, den Kosmos umfassend zu beschreiben. Daher wurde eine polyvalente Logik entwickelt, die zusammen mit der Quantenphysik in der Lage ist, die Gesetze in allen Seinsbereichen zu finden und auch die Entstehung des Kosmos zu erklären. Den wesentlichsten Beitrag hierzu hat ein Schüler von Werner Heisenberg und Carl Friedrich von Weizsäcker erbracht, der bereits vielfach zitierte Burkhard Heim.

Heims Lehrer haben bereits auf die Notwendigkeit einer polyvalenten Logik hingewiesen und auch auf die Notwendigkeit, eine der Quantisierung Rechnung tragende neue Mathematik zu entwickeln. Sie hatten festgestellt, dass die heute noch benutzte Infinitesimalrechnung im Mikrokosmos versagte, weil sie der Quantisierung von Raum und Zeit widerspricht. Hierauf aufbauend, entwickelte Burkhard Heim einen zwölfdimensionalen Kosmos mit den physikalischen Dimensionen X1 bis X6: Raum (Länge, Höhe, Tiefe), Zeit, Strukturmöglichkeiten, Realisierung spezieller Strukturen und den nicht materiellen Dimensionen (X7 bis X12) mit Information I (X7, X8) und geistigem Hintergrundraum G4 (X9 bis X12).

Basierend auf den Arbeiten des Mathematikers und Logikers Kurt Gödel, erkannte der theoretische Physiker Wolfram Schommers, dass die Physik mit der Metaphysik untrennbar verwoben ist. Daraus ergibt sich, dass die Entwicklung des Kosmos mit G4 begann und die Materie erst später entstand – mit anderen Worten: Die geistigen Urbilder waren zuerst da. Die heimsche Theorie ist übrigens in komplexen Computerprogrammen geprüft worden und stimmt bis zur letzten Dezimale mit Messwerten überein. Es ist die am gründlichsten evaluierte Theorie. Sie stimmt überdies mit alten philosophischen Lehren in Ost und West überein, weil sie endlich eine plausible Erklärung für Eingebungen und Offenbarungen anbieten kann.

Die Entwicklung des Kosmos erfolgte somit in zwei Schritten: der Entstehung der geistigen Urbilder und der Entstehung der Materie. Die Urbilder werden in religiösen Texten LOGOS genannt. Eine der Offenbarungen (die heute englisch *channeling* genannt werden), nämlich das Johannes-Evangelium, beginnt, richtig übersetzt, mit: »*Das Kopfwesen ist der LOGOS*«, wobei »Kopfwesen« ein alter Ausdruck für

»Zentrum« ist. Dies ist ein räumlicher und kein zeitlicher Begriff. Dies stimmt mit der modernen Naturwissenschaft überein, in der auch die Zeit als eine Raumkoordinate auftritt. Dieses Theorem geht auf den Mathematiker Hermann Minkowski zurück, nach dem der »Minkowski-Raum« benannt wurde. Er fasst Raum und Zeit zu einem vierdimensionalen Überraum zusammen, den auch Albert Einstein in seiner Relativitätstheorie benutzte.

Es ist außerordentlich bemerkenswert, dass sich diese von Minkowski ad hoc eingeführte Theorie logisch aus dem heimschen Konstrukt ergibt, also als richtig bestätigt werden konnte. Sowohl die moderne Naturwissenschaft als auch esoterische Schriften stimmen darin überein, dass es die Zeit nur für unser Bewusstsein gibt, tatsächlich aber alles gleichzeitig vorhanden ist. Was wir als Zeit empfinden, ist eine Bewegung durch Parallelwelten. Daher ist es auch für begabte Menschen möglich, in die »Zukunft« zu schauen, da sie letztlich gleichzeitig mit unserer Welt existiert.

Hier muss eine Bemerkung zur Frage der Determination eingefügt werden: Aus der heimschen Theorie folgt, dass es infolge der heisenbergschen Unschärferelation viele mögliche Strukturen in vielen Parallelwelten mit einer gewissen Unschärfe gibt. Was auf unseren Weg durch die Parallelwelten realisiert wird, hängt von unserem Verhalten ab, wobei insbesondere das kollektive Verhalten einer größeren Anzahl von Menschen maßgebend ist. Daher ist ein Blick in die »Zukunft« immer mit Unschärfe behaftet. Die oft behauptete Selbstorganisation besteht nur scheinbar: Alles wird vom G4, dem Hyperraum, aus gesteuert.

Wenn man heute hört, das Verhalten von Tieren sei genetisch programmiert, so ist das zwar richtig, aber die Frage nach dem Urheber bleibt offen. Die richtige Antwort lautet: durch den G4. Auch die Frage, wie aus einfachen Kohlenstoffmolekülen die große Vielfalt der organischen Moleküle entstehen konnte, läuft auf die Frage hinaus, woher die symmetrische Struktur des Kohlenstoffatoms kommt. Woher stammen die Gesetze der chemischen Verbindungen? Auch sie folgen geistigen Urbildern. Um die Materie zu verstehen, muss man im Mikrokosmos anfangen, bei den Elementarteilchen. Die höheren Seinsschichten benutzen die Gesetze der Physik für ihre Belange, können aber auch ohne Materie existieren, wie außerkörperliche Erfahrungen zeigen, die heute mehr und mehr auftreten.

Burkhard Heim ging in seiner Theorie zunächst von Elementarteilchen aus, um später auch die Strukturen in höheren Seinsschichten zu ergründen. Grundsätzlich unterscheidet man zwei Arten von Elementarteilchen: solche mit Ruhemasse, die auch in Ruhe eine Masse und nahe der Erde ein Gewicht haben, und masselose, das heißt, die keine Ruhemasse besitzen. Die wichtigsten Quanten ohne Ruhemasse sind die Photonen. Die Masseteilchen sind hauptsächlich im Atomkern (Nukleus) konzentriert, während die Elektronen nur ca. 0,5 Promille zur Atommasse beitragen. Vergrößert man in Gedanken den Atomkern auf die Ausdehnung eines Stecknadelkopfs, so beträgt der Durchmesser des gesamten Atoms etwa zehn Meter.

Der gesamte Raum der Materie besteht demnach nur aus winzigen Pünktchen mit Masse, die vergleichsweise riesengroße Abstände zueinander haben. Der Zwischenraum ist – materiell betrachtet – leer, jedoch angefüllt mit Feldern. Materie besteht somit im Wesentlichen aus Feldern. Diese werden durch Quanten ohne Ruhemasse zusammengehalten, vor allem durch virtuelle Photonen. Diese bestimmen auch die Struktur der Materie, sind also der Materie übergeordnet. In der Physik werden sie Wechselwirkungsquanten genannt. Der Physikochemiker Ilya Prigogine drückte die Bedeutung dieser Quanten einmal so aus: »Wenn ich altere, ändern sich nicht meine Moleküle, sondern die Wechselwirkungsquanten.«

Das Verhältnis der Anzahl von ruhemasselosen Quanten (Photonen) zu Quanten mit Ruhemasse (Nukleonen) wird Photonen-Nukleonen-Verhältnis genannt. Der Messwert dafür ist seit Langem bekannt; er wurde quantenphysikalisch von dem Physiker Jules T. Muheim an der ETH Zürich berechnet. Das Verhältnis beträgt 9,746 x 108 oder ungefähr eine Milliarde zu eins. Im Kosmos und auch im menschlichen Körper gibt es nahezu eine Milliarde Mal mehr Biophotonen als Materieteilchen. Wie eingangs erwähnt, hatte bereits Newton diese Vorstellung.

Unser Körper besteht also fast nur aus Feldern, erscheint uns aber doch konkret und fest. Der Physiker Friedrich Hund beschrieb dieses Phänomen in seinem Buch »Materie als Feld«, wobei er die physikalischen Konsequenzen dieser Erkenntnis darlegte. Wenn zwei Körper zusammenstoßen, stoßen sich lediglich Felder ab; die Atomkerne, also die eigentliche Materie, können sich auf unserer Erde nie berühren. Das bohrsche Atommodell mit Elektronenbahnen um den Atomkern ist längst überholt. Man muss sich die Atomhülle vielmehr wie eine Wolke aus elektrischen Feldern vorstellen, die ähnlich den chladnischen Klangfiguren dreidimensionale Knotenflächen aufweisen.

Die Schulphysik gibt heute zwei äquivalente Gleichungen zur Berechnung der Elementarteilchen an: die anschauliche Wellengleichung von Erwin Schrödinger und die abstrakte Matrizengleichung von Werner Heisenberg. Dies spiegelt den Welle-Teilchen-Dualismus wider, der von Burkhard Heim verwendet wurde. Seine Theorie ist die Synthese aus den beiden bekannten und geht noch darüber hinaus, da sie als einzige in der Lage ist, sämtliche Eigenschaften der Elementarteilchen exakt zu berechnen.

Schließlich kann die heimsche Theorie auch Existenzhinweise auf höhere Seinsschichten geben. In der theoretischen Physik wurden wiederholt Versuche unternommen, eine sogenannte Weltformel aufzustellen, mit der nahezu alles berechenbar sein könnte. Tatsächlich, davon gehen international renommierte Physiker derzeit aus, ist dieses bereits seit geraumer Zeit gelungen. Fernab von der Öffentlichkeit arbeitete Burkhard Heim eine physikalisch-mathematische Struktur aus, welche diesen Anforderungen gerecht wird. In seinem Vortrag am 22. Januar 2002 an der Universität Sussex bezeichnete der Physiker Illobrand von Ludwiger Heim als das Gegenstück zu Stephen Hawking. Burkhard Heim entdeckte die einheitliche Masseformel, was so viel bedeutet wie die von allen Physikern gesuchte große Vereinheitlichung, was einer »Weltformel« gleichkommt.

Die plancksche Quantenphysik und die Theorien von Albert Einstein waren die bahnbrechenden wissenschaftlichphysikalischen Errungenschaften des letzten Jahrhunderts. Albert Einstein hatte Verhältnisse und Räume beschrieben, welche im makrokosmischen Bereich, also im Großen, Kosmologischen, funktionieren. Max Planck ging genau in die andere Richtung. Er beschrieb Dinge, die im Mikrokosmos, im ganz Kleinen, ablaufen, auf atomarer Ebene, und nannte dies Quantenphysik. Und Werner Heisenberg forderte die Einbeziehung des Geistigen nach dem Prinzip: »Man kann keine Physik machen ohne den Geist.« Wir erinnern uns: Der Beobachter beeinflusst das Experiment.

Diese beiden Theorien standen lange Zeit beziehungslos nebeneinander, ohne dass sie recht zusammenzupassen schienen. Burkhard Heim kreierte eine erweiterte Feldtheorie, in der er den vier offensichtlichen Dimensionen eine fünfte und sechste Dimension als Steuerungsebene hinzufügte. Er erkannte: Jeder von uns hat einen eigenen Bewusstseinsraum, durch den er mit der Welt um sich herum in Interaktion tritt. Jeder dieser Bewusstseinsräume ist in sich vierdimensional, also räumlich inklusive einer Zeitkomponente. Es gibt den äußeren Bewusstseinsraum und den eigenen inneren Bewusstseinsraum. So hat jeder Mensch einen eigenen Bewusstseinsraum, der mit dem allgemeinen in Kontakt tritt.

Um all diese Bewusstseinsräume zu beschreiben, muss man mindestens eine fünfte Dimension einplanen, die all die Bewusstseinsräume miteinander verbindet. Die klassische Wissenschaft sagte noch, das Leben sei ein Produkt der Materie. Heim hingegen erklärt: »Der Lebensprozess ist ein Aspekt, welcher der Physik zugrunde liegt, der sich vom physikalischen Universum nicht trennen lässt.«

Jeder von uns ist also ein geistiges Wesen. Demzufolge könnte Leben definiert werden als eine Verbindung eines geistigen Wesens mit einem materiellen Körper. Der materielle Aspekt lässt sich allerdings nicht vollständig beschreiben, ohne seine Beziehung zum geistigen Aspekt zu verstehen. Der Prozess, der Materie und Geist verbindet, müsste nach diesem Verständnis die Grundlage der Physik bilden, ohne den sich die Atomtheorie und die Kosmologie nicht begreifen lassen. Dann kämen wir zu einem Weltbild, das mit unserem heutigen physikalischen Weltbild nichts mehr zu tun hätte. Mit anderen Worten: keine Physik ohne die Miteinbeziehung des Geistes.

Wenn wir durch die Welt schreiten, verwechseln wir das Bild der Wirklichkeit mit der Wirklichkeit selbst. Wir leiten daraus ab, dass es eine äußere Wirklichkeit gebe. Schon die Kosmologie zeigt, dass diese Sicht unkorrekt ist. Wenn wir einen Stern sehen, könnte es sein, dass er schon seit Milliarden von Jahren nicht mehr existiert. Viel wichtiger aber ist die Erkenntnis, dass der private Bewusstseinsraum mit dem Welt-Bewusstseinsraum in Beziehung steht. Jeder von uns hat einen solchen Bewusstseinsraum und befindet sich qua Interaktion im gesamten Bewusstseinsraum. Um all die Räume zusammenzubringen, braucht man mindestens fünf Dimensionen. Zusätzlich existieren Parallelräume, auf denen wir theoretisch auch kommunizieren können, zum Beispiel durch Telepathie.

Betrachten wir das brillante physikalische Modell von Burkhard Heim noch genauer: Sein Ausgangspunkt ist die Gravitation. Nach Einstein entspricht jeder Energie eine bestimmte Masse. Von dieser Masse wissen wir, dass sie ein Gravitationsfeld ($e = mc^2$) hat. Das Gravitationsfeld hat eine Masse, und die Masse hat wieder ein Gravitationsfeld. Zwischen beiden Gravitationsfeldern besteht eine Wechselbeziehung. Burkhard Heim entwickelte mathematisch eine kleinste Fläche, welche er als Metron bezeichnet. Es ist sozusagen die kleinste Fläche, die vorstellbar ist – physikalisch und mathematisch gesehen, macht alles noch Kleinere keinen Sinn mehr. In Zahlen ausgedrückt, ist diese Fläche 6.15×10^{-70} Meter klein. Metronen sind mit den uns bekannten Neutrinos identisch. Das Universum ist vollständig auf diesen Metronen (Neutrinos) aufgebaut, wobei ein »Tau«, wie Heim es nennt, den Flächeninhalt eines Metrons (Neutrino) ausmacht. Das Metronenmodell ist als die Quantisierung des Raumes zu bezeichnen. Es ist durchaus mathematisch nachzuvollziehen, dass sich das heimsche Modell als weitaus umfassender und präziser darstellt als die aktuell angebotene String-Theorie. Heim entwickelte in Jahrzehnten eine Physik, die grundlegend auf 36 physikalischen Gleichungen basiert. Aus diesen Gleichungen lässt sich eine Matrix von 6 : 6 Dimensionen entwickeln. Einstein hingegen baute sein Weltmodell auf 4 : 4 Dimensionen auf. Burkhard Heim geht also von einer sechsdimensionalen Raumzeit aus. Später werden wir sehen, dass es sich tatsächlich um zwölf Dimensionen handelt.

Burkhard Heim benötigt zur ganzheitlichen Darstellung einen sechsdimensionalen Raum und weist nach, dass dieser weder räumlich noch zeitlich ist. Diese darin enthaltenen Dimensionen sind quasi imaginärer Art, ähnlich der vierten Dimension. Die fünfte Dimension ist der Ordnungsgrad-, der

Entropie-Ebene zugeordnet. Komplexere Systeme liegen höher in der fünften Dimension. Die sechste Dimension hat eine steuernde und/oder auswählende Funktion. Aus der fünften Dimension betrachtet, verhielte es sich ähnlich wie mit den Seiten eines Buches, die gestapelt sind. In dieser Analogie würde jede Seite eine vierdimensionale Welt ausmachen. Aus der sechsten könnte man nach dieser Darstellung alle fünf untergeordneten Dimensionen steuern. Im sechsdimensionalen Raum ist jeder Punkt ein dreidimensionales Gebilde, das sich auf der Zeitachse bewegt. Heim hat nachgewiesen, dass es keine weiteren Hyperräume gibt. Der sechsdimensionale Hyperraum besitzt noch einen zwölfdimensionalen Hyperraum, auf den man alles erweitern kann. Dann kommt der Oktavsprung. Dort geht es nicht mehr weiter.

In den Ebenen der fünften und sechsten Dimension »verbirgt« sich das, was wir mit Persona, Geist, Seele bezeichnen, eine Art bildliches Diagramm eines Lebewesens, das über Gravitationswellen als Informationskanal mit den unteren vier Dimensionen kommuniziert. Zwischen diesen Welten liegen nicht Lichtjahre, wie in Raumschiff Enterprise, sondern unter Umständen kommen Besucher aus anderen Welten einfach aus diesem anderen Bereich der fünften und sechsten Dimension. Der Urknall wäre danach ein gesteuertes Ereignis der höheren Dimensionen.

Auf den Spuren des Quantenäthers

Der legendäre mathematische Nachweis für die Existenz eines Quantenäthers gelang dem holländischen Physiker

Hendrik Casimir in den 1940er-Jahren. Mehrmals wurde der sogenannte Casimir-Effekt inzwischen nachgewiesen, erstmals in den 1950er-Jahren. Worin bestand der Effekt? Casimir berechnete 1948, dass zwei Metallplatten, die im Vakuum dicht zusammengebracht würden, ohne äußeren Grund aneinandergepresst werden müssten. Der Grund: In dem dünnen Spalt zwischen den Platten können sich nicht beliebige »Quantenteilchen« bilden, sondern nur noch solche, deren Wellenlänge in den Abstand passt. So entstünde innerhalb des Spalts eine geringere Anzahl von Teilchen als im umgebenden Raum, worauf, wie bei dem bekannten Phänomen des Luftdrucks, die Platten von außen zusammengedrückt werden müssten.

Im Endeffekt drücken also von außen mehr Wellen gegen die Platten, als im Zwischenraum ausgeglichen wird; es entsteht hier somit ein Feld mit negativer Energiedichte. So entsteht das, was man negative Energie nennt, und dementsprechend ein negativer Druck im Spalt. Immerhin wird das Anziehen der Platten auch als ein weiterer Beweis für die Existenz der virtuellen Teilchen gesehen. Die Originalberechnung von Casimir ergab einen Abstand der Platten von etwa einem Mikrometer. Nähert man die Platten einander an, passen noch weniger Wellen in den Spalt. Die negative Energiedichte steigt weiter. Zieht man die Platten auseinander, verschwindet der Effekt.

Der Casimir-Effekt repräsentiert, sozusagen beweisführend, dass der materielle Schöpfungsprozess durch das Vakuum erfolgt. Um diesen Prozess hervorzurufen, sind jedoch sehr eng definierte physikalische Voraussetzungen erforderlich. So ist beispielsweise neben dem Material und der Geometrie auch der Abstand dieser Materialien von entscheidender Bedeutung. Es passen sozusagen nicht alle Wellenlängen zwischen beide Materialien (Platten), sondern nur stets ein ganzzahliges Vielfaches bestimmter Wellenlängen, während außen alle möglichen Fluktuationen bzw. Wellenlängen existieren dürfen.

Der Quantenäther, auch Nullpunktenergie des Vakuums genannt, wurde im Jahre 1916 von Walter Nernst postuliert und 1925 von Werner Heisenberg als Konsequenz seines Unschärfeprinzips erkannt. Heute gilt sie als allgemein akzeptiert, nachdem der englische Nobelpreisträger Paul A. M. Dirac sie 1927 in seine quantenelektrodynamische Theorie aufnahm. Der »leere Raum« ist das, was übrig bleibt, wenn man aus einem Behälter Materie und Strahlung entfernt. Tatsächlich ist dieses »Vakuum« alles andere als tot und leer.

Nach Max Planck besitzt ein physikalisches System selbst am absoluten Temperaturnullpunkt noch eine Restenergie in Form von Schwingungsenergie. Wegen der Unschärferelation können seine Teilchen selbst dann (wo sie nach der klassischen Physik absolut bewegungslos sein sollten) nicht zur Ruhe kommen. Auch nach Nernst kann das Vakuum nicht wirklich einen energielosen Zustand erreichen, sondern nur einen Zustand relativ niedrigster Energie. Diese Nullpunktenergie stammt aus sogenannten »Quantenfluktuationen«. Wenn wir beispielsweise ein elektrisches Feld haben, das durch eine Ladungsverteilung im Raum entstanden ist, so verschwindet dieses Feld entgegen der Erwartung bei einer Reduktion der Ladungen auf null nicht völlig. Wie aus dem

Nichts entsteht und vergeht weiterhin ein Feld, und diese im Vakuum immer vorhandenen, fluktuierenden, virtuellen (wegen ihrer kurzen Lebensdauer nicht messbaren) Quantenfelder enthalten immer noch Energie, obwohl die Intensitäten der elektrischen und magnetischen Felder im Durchschnitt null sind. Die Energie genügt, um für kurze Zeit virtuelle Teilchen, wie beispielsweise Elektronen oder Protonen, entstehen zu lassen, sodass das scheinbar leere Vakuum in Wirklichkeit von »aus dem Nichts« auftauchenden und wieder verschwindenden »Geisterfeldern« und »Geisterteilchen« erfüllt ist.

Die im leeren Raum enthaltene Energie wurde verschiedentlich abgeschätzt; nach dem Physiker John Archibald Wheeler von der Universität Texas hat ein Kubikzentimeter Vakuum eine Energiedichte von 10« erg – mehr Energie, als die gesamte Materie des Universums enthält. Nach einer anderen Rechnung soll ein Kubikmeter leerer Raum etwa das Äquivalent von einer Viertel Kilowattstunde enthalten. Nach neuesten Schätzungen des französischen Physikers Jacques P. Vallée beträgt die Energiedichte des Vakuums mindestens 57 000 Megajoules pro Kubikmeter. 1957 berichteten die Russen Deriagin und Abrikosawa über eine direkte Messung dieser Energie. Auch die Entstehung von virtuellen Teilchen aus dem Vakuum ist durch Willis Lamb 1948 experimentell demonstriert worden. Durch eine Veränderung der Raumzeit-Krümmung, wie sie durch gravitatorische oder elektromagnetische Einwirkungen zustande kommt, kann die Energiedichte des Vakuums verändert werden. Auf diese Weise entstehen theoretisch Energie und auch Teilchen »aus dem Nichts«. In der unmittelbaren Umgebung jeder Materie ist das Vakuumfeld gegenüber dem leeren Raum verändert. Diese Veränderung um Objekte herum, besonders um Lebewesen, kann nach dem Physiker Jordan Maclay entweder direkt als Veränderung der Energiedichte oder indirekt an der Streuung des Lichts wahrgenommen werden. Es ist davon auszugehen, dass das Vakuumfeld möglicherweise auch durch die Aktivität des Bewusstseins beeinflusst wird.

Maclay vermutet, dass dies durch eine Phasenänderung geschieht, sodass die mittlere Intensität des Feldes nicht mehr null ist. Mit anderen Worten: Aus Vakuumenergie wird Licht erzeugt; damit wird das sichtbar, was wir als die Aura bezeichnen.

Eine andere Erklärung für die Erzeugung von Energie und Materie aus dem »Nichts« liefert uns die Theorie des »skalaren Elektromagnetismus« des amerikanischen Physikers Thomas E. Bearden. Bearden versteht sie als Rekonstruktion und Weiterentwicklung von Nikola Teslas Ätherkonzept. Sein »Skalarwellenfeld« ist ein anderer Begriff für Vakuumfeld. Beardens Theorie stellt sich wie folgt dar:

Der ständige Fluss der aufblitzenden und wieder verschwindenden virtuellen Teilchen äußert sich im Vakuum als eine Art Druck, der in jedem Punkt des Raumes verschieden stark ist: das Skalarpotenzial des Vakuums, das Wellen von Verdichtungen und Verdünnungen verursacht, die Skalarwellen, die keine Masse besitzen. Die Skalarpotenziale sind fundamentaler als die daraus abgeleiteten Kraftfelder. Das elektrostatische und magnetostatische Potenzial des Vakuums stellt eingefaltete, gefangene Energie dar – es ist so etwas wie ein Akkumulator, in dem eine große Menge potenzieller Energie, potenzieller Fähigkeit, Arbeit zu leisten, gespeichert ist. Jede normale vektorielle elektromagnetische Welle ist aus Skalarwellenkomponenten zusammengesetzt. Skalarwellen können deshalb jederzeit durch geeignete Kopplung in elektromagnetische Wellen, die Arbeit leisten, und in Materie umgewandelt werden. Skalare Potenziale werden in Übereinstimmung zum Quantenäther als lokale Raumzeit-Krümmungen, also als Gravitationsfelder aufgefasst. Damit ist die Skalarwelle, welche die Energiedichte des Vakuums variiert, per definitionem eine Gravitationswelle. Skalarwellen können nach Bearden sowohl Bewusstsein und die Psyche steuern als auch umgekehrt von ihnen beeinflusst werden. Sie wirken auf den Fluss der Zeit ein und überwinden den Raum. Bearden ist überzeugt, dass es sich bei der mitogenetischen Strahlung Alexander Gurwitschs und bei Alfred Popps Biophotonenfeld um solche Skalarfelder handelt.

Ebenfalls mit der Struktur des Vakuums und ihrem Zusammenhang mit der Gravitation befasst sich die »Quanten-Geometrodynamik« von John Archibald Wheeler. Nach der modernen Quantenfeldtheorie entstehen alle Kräfte aus der Krümmung der Raumzeit. Materie, elektrische Ladung, Elektromagnetismus und andere Felder sind nur Manifestationen der Krümmung des Raumes. Dasselbe gilt, wie auch Bearden ausführt, für das Vakuum und seine Struktur. Wheeler baut die aus lauter mikroskopischen Raumkrümmungen gebildete Raumstruktur als ein Meer von winzigen Bläschen, dem sogenannten »Quantenschaum«. Die für unvorstellbar kurze Zeit auftauchenden und wieder verschwindenden Blasen sind jene bereits erwähnten Quantenfluk- tuationen des Vakuums. Felder und Teilchen sind die Schwingungsmuster, Wellengekräusel in diesem Quantenschaum. Auf der Ebene des Quantenschaums existieren die drei Dimensionen des Raumes nicht mehr. Die Oszillationen der Quantenfluktuationen sind so stark, dass das Gewebe von Raum und Zeit zerrissen wird, was zu einer kontinuierlich aufgenommenen und wieder abreißenden Verbindung zwischen weit voneinander entfernten Regionen des Raumes führt. Wheelers Bild dafür ist die Existenz von dauernd auftauchenden und wieder verschwindenden »Wurmlöchern«, die eine ständig wechselnde Verbindung zwischen Blasen des Quantenschaums schaffen. Die Wurmlöcher spannen offenbar nicht den normalen dreidimensionalen Raum auf, sondern einen »Oberraum«. Durch sie wird jeder Punkt des Raumes, der in der gewöhnlichen Raumzeit ganz bestimmte Distanzen von anderen Punkten besitzt, ständig mit jedem anderen Punkt des Raumes verbunden, und zwar auf eine Art, in der räumliche Distanzen und die Zeit, die für eine Verbindung benötigt wird, bedeutungslos werden. Durch ständig erscheinende und wieder verschwindende Wurmlochverbindungen gehen auch Signale, durch die eine unmittelbare, überlichtschnelle Kommunikation zwischen allen Raumregionen entsteht. Diese Signale wirken wie die Nervenimpulse in einem riesigen kosmischen Gehirn, sodass das Universum auf der Ebene des Oberraums, wie der englische Astrophysiker Sir James Jeans einmal sagte, »wie ein einziger riesiger Gedanke« erscheint.

Eine weitere Variante des Quantenäthers steckt in der »impliziten Ordnung« des Einstein-Schülers und führenden

Quantentheoretikers David Bohm. Nach seiner »holografischen Theorie« existieren in unserer Wirklichkeit zwei Dimensionen, die sich grundlegend voneinander unterscheiden. Die Welt, die wir in der normalen, alltäglichen Wahrnehmung erfahren und – als eine Erweiterung unserer Sinne – mit den Instrumenten der Physik messen, nennt er die »explizite Ordnung«. Sie ist die Dimension, in der alles in einem »entfalteten« manifesten, objekthaften Zustand vorhanden ist: die Welt der Objekte im leeren Raum, die sich voneinander und vom Hintergrund abheben. Es ist die »mechanistische Ordnung, deren wesentlichstes Kennzeichen es ist, dass die Welt aus Einheiten zusammengesetzt gedacht ist, die sich außerhalb voneinander befinden, in dem Sinne, dass sie unabhängig voneinander in verschiedenen Bereichen des Raumes und der Zeit existieren und durch Kräfte miteinander interagieren, die ihr eigentliches Wesen unberührt lassen«.

Bohms »implizite Ordnung« hingegen entspricht dem Quantenäther, Beardens »Skalarwellenfeld« und Wheelers »Quantenschaum« und »Oberraum« entspricht. Sie befindet sich außerhalb unserer normalen Raumzeit, in ihr gibt es keine in Raum und Zeit festgelegten Objekte, ja überhaupt keine Objekte. In dieser Dimension ist alles in allem anderen enthalten. Es existiert hier nicht in manifester, sondern in »eingefalteter« Form. Diese Dimension ist holografisch: Jeder Teil, jeder Punkt des »Raumes« enthält die gesamte Information des Ganzen, so, wie in einem Hologramm die Form und die Struktur des ganzen Objekts in jeder Region der fotografischen Aufnahme eingefaltet ist. Die »implizite Ordnung« ist fundamentaler und umfassender als die »explizite Ordnung«, die, wie Bohm schreibt, als Spezialfall der »impliziten Ordnung« betrachtet werden muss. Die Objekte der »expliziten Ordnung« sind nicht nur eingebettet in sie und durchdrungen von ihr, wie man vom Äther sagt. Auch die Formulierung, dass die »implizite Ordnung« den Ursprung und die Matrix aller materiellen Erscheinungen darstellt, ist nur richtig, aber noch nicht ausreichend. Auf dem unendlichen Ozean des »Holomovement«, wie Bohm die »implizite Ordnung« auch nennt, um auf ihre Dynamik hinzuweisen, sind die manifesten, physikalischen Erscheinungen Kräfte, Felder und Teilchen nur kleine Wellen oder Störungen, Projektionen der »impliziten Ordnung«, einer höherdimensionalen Realität.

Die »implizite Ordnung« erscheint wie ein Fundament, in dem die Objekte der expliziten Ordnung, vor ihrer (eventuellen) Manifestation, in potenzieller, virtueller oder informativer Form als »Keime« oder modellhafte »Urbilder« ruhen.

Diese Dimension stellt also auch eine Art morphogenetisches Feld dar, das als Matrize Materie und Felder in der typischen Gestalt von »Virus«, »Strauch«, »Katze« oder »Mensch« fokussiert und anordnet. Im Boden der impliziten Ordnung wurzeln die Objekte jedoch auch während ihrer Manifestation. Das gilt nicht nur für die »äußeren« Objekte unserer Wahrnehmungswelt, sondern gleichermaßen für die »inneren« Erscheinungen unserer subjektiven Welt, für die Gestalten unseres Denkens, Fühlens und Vorstellens, denn die implizite Ordnung ist nach Bohm jener Grund, aus dem beides entspringt und der beidem gemeinsam ist. Sowohl Materie als auch Bewusstsein ragen wie Eisberge mit ihrem expliziten Teil über die Wasseroberfläche hinaus und erscheinen uns dort als getrenntes Gegenüber von Wahrnehmendem und Wahrgenommenem.

Im Bereich des weitaus bedeutenderen impliziten Anteils der Wirklichkeit sind die Dinge und wir selbst, in der Tiefe des Wassers verborgen, auf geheimnisvolle Weise ineinander verwoben. »So wie jeder Moment des Bewusstseins einen gewissen expliziten Inhalt hat, der ein Vordergrund ist, und einen impliziten Inhalt, der ein dazugehöriger Hintergrund ist«, sagt Bohm, »so hat auch ein Materieteilchen oder eine Welle als expliziter Teil einer Ganzheit ihre Ergänzung in der impliziten Ordnung.«

Noch deutlicher werden die Stufen der Manifestation im sechsdimensionalen Weltmodell von Burkhard Heim. Auch Heim unterscheidet eine »materiell-energetische, quantitativ beschreibbare, objektive oder objektivierbare, manifeste Ebene der Außenwelt«, die durch drei Raumkoordinaten und eine Zeitkoordinate beschrieben wird und der »expliziten Ordnung« Bohms entspricht, und eine »virtuelle Ebene«, die nicht numerisch festgelegt werden und die »als psychische Struktur teilweise intern erlebt werden kann«. Sie entspricht Bohms »impliziter Ordnung« und umfasst zwei »imaginäre« Koordinaten: »entelechiale Dimension« und »äonische Dimension«. Heim geht damit über den herkömmlichen einstein-/minkowskischen Raumbegriff hinaus, der nur die ersten vier dieser Dimensionen umfasst. Die beiden zusätzlichen Dimensionen erweitern den Raum zu einem sechsdimensionalen »Tensorium«, einem virtuellen, nicht mehr fassbaren Raum, in den die gewöhnliche Raumzeit eingebettet ist. Im Raum der Einstein-Minkowski-Raumzeit spielen sich alle manifesten Ereignisse des materiellen Geschehens ab, im umfassenderen sechsdimensionalen Raum hingegen findet jenes Geschehen statt, das erst zu einer solchen Manifestation führt.

Die beiden »zeitartigen« virtuellen Dimensionen stellen jenen fundamentalen Prozess dar, den Heim »Aktivitäten« nennt. Sie bilden »korrelative Netzwerke« und sind »potenzielle Strukturmuster komplementärer materieller Strukturorganisationen im Raum oder in der Raumzeit, deren Aktualisierung oder dem Zeitablauf unterworfene Projektion die Strukturen der physikalischen Welt sind«. Mit anderen Worten: Im virtuellen sechsdimensionalen Raum, insbesondere im »entelechischen Feld«, existieren potenzielle Strukturmuster, die durch die sechste Koordinate im uns zugänglichen Raum realisiert, oder wie Heim es nennt, »kondensiert« werden. Sogenannte »Selektoren« sind für die Auswahl derjenigen im entelechischen Feld vorhandenen Schöpfungsmöglichkeiten verantwortlich, die schließlich aktualisiert werden.

Diese von Heim »Transdynamik« (der »Transbereich« umfasst die fünfte und sechste Dimension) genannten virtuellen fundamentalen Prozesse entsprechen dem bohmschen Holomovement der »impliziten Ordnung«. Transdynamik wie Holomovement sind fundamentalere Prozesse und stellen eine umfassendere Wirklichkeit dar als die materiellen Prozesse der manifesten Wirklichkeit, die nur deren Projektion sind. Gravitationswellen, nach Heim »Strukturkondensationen« der beiden Transkoordinaten, gehören vollständig zur virtuellen, außerhalb der gewöhnlichen Raumzeit liegenden Ebene. Das Gravitationsfeld, das wird aus Heims Einordnung deutlich, muss im Wesentlichen als ein Struktur-Informations-Feld betrachtet werden; ein Grund dafür, dass die Physik, die bisher den Strukturaspekt von Energie und Materie weitgehend vernachlässigt hat, sich mit der Gravitation schwertut. Gravitationsfeldstörungen bewegen sich nach Heim schneller als Lichtgeschwindigkeit. Tachyonen bzw. Gravitonen sind zwar gequantelt, aber keine Teilchen. Im Gegensatz zu den Photonen ohne Energieladung, haben sie imaginären Charakter. Die Photonen hingegen bestehen nach Heim, der Biophotonen als Folgerung aus seiner Theorie vorausgesagt hat, aus den beiden Transdimensionen plus der Zeitdimension und sind damit fassbarer. Sie existieren wie alle elektromagnetischen Felder zur Gänze in der uns zugänglichen Raumzeit. Photonen können sich aber in Gravitonen umwandeln (und umgekehrt); sie sind zwei verschiedene Strukturformen, die sich durch ihr zeitliches Verhalten unterscheiden. Wie in den modernen Äthertheorien besteht also auch bei Heim ein enger Zusammenhang zwischen Gravitation und Elektromagnetismus. Die Photonen stellen sozusagen die »irdische Hand« der rätselhaften Gravitation dar, die nach Heim mit der Steuerung der Umsetzung der im virtuellen Bereich enthaltenen Muster in die raumzeitliche Manifestation zu tun hat. Die Photonen bilden somit in der heimschen Theorie ein aktiv vermittelndes Glied, zwischen den außerhalb der gewöhnlichen Raumzeit liegenden potenziellen Organisationsmustern des virtuellen Bereichs und dem messbaren raumzeitlichen Bereich der Materie.

Grundlage der modernen Quantenmechanik ist die Wellengleichung des Nobelpreisträgers Erwin Schrödinger. Danach behandelt die Quantenphysik alle Zustände der Materie und des Lichts nach dem Vorbild der Akustik, nämlich wie Grund- und Obertöne einer schwingenden Saite oder Luftsäule, die genauso diskrete (gequantelte) Zustände (Tonfolgen) ohne Zwischenformen bilden wie Materie und Licht. Nur dass hier nicht die Saite oder Luft das schwingende Medium bilden, sondern der leere Raum, das Vakuum selbst.

Elektronen und Photonen, genauso wie alle anderen Bausteine der Materie, sind als bestimmte Schwingungszustände dieses Vakuums zu verstehen, als lichthafte Erregungszustände des Äthers. Die Bewegung von Teilchen und die Emission von Photonen durch die Atome finden beim Wechsel des Elektrons von einem Eigenzustand (Schwingungszustand) in einen anderen statt. Somit beschreibt die Quantenmechanik Licht und Materie wie die Musik eines verborgenen nicht materiellen Instruments – nämlich des Raumäthers.

Die Raumzeit als physisches Konstrukt ist mit dem Hyperraum durch die Gravitation dynamisch verbunden. Der Informationsfluss steigt und fällt, ist aber in der physikalischen Raumzeit nicht erfassbar. Harmonische Gedankenmuster erschaffen Materie und Licht. Elementarteilchen und Atome repräsentieren diese speziellen Schwingungsmuster. Die Realität ist als holistische Struktur relativ statisch erscheinender und dynamisch veränderlicher Systeme von stehenden Gravitationswellen aufzufassen. Deren relative quantitative Werte hängen von der Beobachtungsmethode ab. Anders formuliert, könnte die Realität auch als unendlich komplexes Feld von Wahrscheinlichkeiten des zeitlichen Ablaufs bezeichnet werden. Gregory Dubrov von der University of Michigan beschreibt das neue quantenphysikalische Weltbild so: »Zeit und Raum besitzen metrische und topologische Strukturen, die sich als Ergebnis psychischer Prozesse verändern können. Schließlich kann die Welt als relativ stabile Massenhalluzination interpretiert werden, deren Zusammenhang durch eine globale Synchronisation der Gehirntätigkeit gewährleistet ist.«

Die moderne Quantenphysik hat das Unsichtbare wieder in unsere Erklärungsmodelle der Welt integriert. Qualitäten – in der Physik spricht man in diesem Fall von Frequenzen – hatten im konservativ naturwissenschaftlichen Weltbild keinen Platz. Klang, Farbe, Geruch oder Geschmack bezeichnen derartige Qualitäten, die in der Naturwissenschaft über Jahrhunderte nicht darstellbar waren. Max Planck meinte hierzu: »Man bekommt die Qualitäten genauso wenig in die Naturwissenschaften hinein, wie man eine Bleistiftzeichnung mit einem Bleistift kolorieren kann.« Man kann zwar blau, gelb, rot etc. daraufschreiben, doch mit dem Bleistift auf keinen Fall darstellen. Gefordert wird etwas außerhalb des Systems (hier außerhalb des Bleistift-Modells). Es stellt sich zunächst einmal die Frage nach dem Sein und der Umgebung des Seins.

Die Prägung des Begriffs »Sein« ist im allgemeinen, gesellschaftlichen Bewusstsein eher etwas Positives, wohingegen das »Nichts« eher als negativ eingestuft wird. Das Dilemma der Naturwissenschaft ist, dass sie auf der einen Seite versucht, objektiv zu sein, dabei aber die wesentlichen Aspekte unseres Lebens einbüßt. Betrachten wir uns dieses Nichts einmal etwas genauer: Das Wort »Existenz« stammt aus dem Lateinischen und meint »heraustreten«. Etwas tritt aus dem Nichts heraus. Dann ist es plötzlich da. Das »Nichts« ist uns verborgen, doch es ist alles, was uns ausmacht! Nichts ist subjektiv. Burkhard Heim wagte sich mit der Physik immer weiter in diesen Raum hinein, der heutzutage an den Universitäten zum Raum des »Nichts« gehören würde. Und der existiert bekanntlich nicht. So ist tatsächlich durch die Mathematik zu belegen, was nach dem Tod eines Lebewesens passiert. Heim schlussfolgert, dass es eine quasi parallele Raumzeit gibt, in welcher wir parallel existieren. Heim nennt dies »postmortale Zustände«. Ihm ging es zunächst darum, einen Formalismus, eine Logik zu entwickeln, mit der man die Aspekte beschreiben kann, die in unserer Gesellschaft – auch in der Naturwissenschaft – nicht beachtet werden. Die Physik, die sich »dahinter verbarg«, war im Grunde nur ein Nebenprodukt. Deshalb stellte er sich die Frage: Was sind Realität und Wirklichkeit? Wirklichkeit ist das, was wirkt; Realität ist das, was dahinter verborgen liegt. Was wir erfahren, ist die Wirklichkeit. Und was ist Realität?

Wählen wir für die Antwort die konservativ-wissenschaftliche Herangehensweise, dann verbirgt sich hinter der Physis nichts. Alles, was in der Raumzeit Platz hat, ist die Realität; alles andere sind die Effekte, die daraus abzuleiten sind. Aus diesem Grund braucht sich unsere Wissenschaft auch nur mit der vierdimensionalen Raumzeit zu beschäftigen. Von der Physik leitet sich die Chemie ab, daraus die Biochemie, dann die Biologie, und weiter können wir dann die Neurophysiologie ableiten. Hieraus entwickeln sich die Psychologie, die Soziologie und so weiter.

Das, was sich quasi hinter den Kulissen der großen Forschungszentren als eine exotisch erscheinende Wissenschaft etabliert hat, ist von einer noch unvorstellbar bedeutungsvollen Tragweite für nahezu alle Gebiete der Naturwissenschaft. Das Besondere an der Quantenphysik ist, dass sie die logisch erscheinende Naturwissenschaft »auf den Kopf« zu stellen scheint. So äußerte sich der Nobelpreisträger und Mitbegründer dieser Wissenschaft, Niehls Bohr, hierzu: »Wer über Quantenmechanik nachdenken kann, ohne wirr im Kopf zu werden, hat sie nicht wirklich verstanden.«

Eine der Eigentümlichkeiten der Quantenphysik basiert auf dem Umstand, dass es scheint, als ob die Grenzen zwischen Teilchen und Welle, also Materie und »Nicht«-Materie, verschwimmen oder sich gar auflösen.

Obwohl Max Planck die Quantentheorie mit Niels Bohr begründete, konnte er selbst sich nie so recht mit ihr anfreunden. Das sonderbare Verhalten der Quanten narrt den gesunden Menschenverstand: Es ist schwer zu begreifen, dass man Wellen (wie Licht) als Teilchen und Materieteilchen (wie Elektronen) als Wellen betrachten kann, als zwei Ansichten ein und desselben Quantenfelds; dass ein Teilchen sich an zwei Orten oder in zwei Zuständen gleichzeitig befinden kann. Es ist tatsächlich schwer, sich vom klassischen Determinismus zu verabschieden und in der Welt des Allerkleinsten Wahrscheinlichkeiten zu akzeptieren. Und dennoch haben alle Experimente die Modelle bestätigt. In Bose-Einstein-Kondensaten sind sogar über tausend Atome bei extremer Kälte zu einem einzigen sichtbaren Quantenzustand vereint. Verschränkte Photonen ermöglichen eine Teleportation von Teilchen über makroskopische Distanzen. »Die Quantenwelt ist wirklich seltsam, ob es uns nun passt oder nicht«, resümierten einmal die Princeton-Professoren Max Tegmark und J. Archibald Wheeler.

Stellen wir nun diese Quantenphysik in den Betrachtungsrahmen der biophysikalischen Aspekte, erhalten wir erstmalig einen bedeutsamen Schlüssel zum genaueren Verständnis der biologischen Funktionen in ihren Grundlagen. Die hierdurch ermöglichte Perspektive der Betrachtung von elementaren biophysikalischen Strukturen erscheint zunächst in einem Bild der Unglaubhaftigkeit und der Verwirrung. Trösten wir uns damit, dass selbst herausragende Wissenschaftler von Weltruf anfänglich ähnliche Beurteilungen hierzu abgaben.

Vergessen wird den Fakt, dass die tatsächlichen, ursächlichen Mechanismen und Strukturen eines jeden materiellen Systems außerhalb unserer Beurteilungsfähigkeit liegen. Biologische Systeme wurden bisher in der allgemein praktizierten Naturwissenschaft nahezu überwiegend physikalisch betrachtet, wobei gerade das »Phänomen Leben« sich deutlich durch nicht materielle, also geistige Prozesse definiert. Eine willkürlich durchgeführte Trennung zwischen Geist und Materie führte unter anderem dazu, dass die elementaren Zusammenhänge und Wechselwirkungen der Biologie unverstanden blieben. Dabei ist doch gerade unser Geist, zum

Beispiel unser Verstand, das eigentliche Element der Wahrnehmung, des Erkennens und Hinterfragens, wie beispielsweise das seiner eigentlichen Funktionalität. Auf den elementarsten Ebenen der Materie vollzieht sich ein Szenario, das die Grenzen zwischen Geist und Materie (Welle/Teilchen) verwischt. Paradox und widersprüchlich erscheint hier die Bühne der Realität. Nur zu gut ist an dieser Stelle der Ausspruch von Albert Einstein zu verstehen: »Gott würfelt nicht.«

Heute, nahezu zwei Generationen später, offenbart sich der Naturwissenschaft zwar ein ähnliches Bild der Absonderlichkeiten, doch sind uns hierfür äußerst scharfe Interpretationsmodelle in die Hand gegeben. Was liegt nach 100 Jahren Quantentheorie nun vor uns? Welche Rätsel bleiben?

Hierzu brachte »Spektrum der Wissenschaft« 2003 eine Sonderausgabe mit dem Titel »Vom Quant zum Kosmos« heraus. Unter anderen äußerte sich der emeritierte Professor der Theoretischen Physik Dieter Zeh von der Universität Heidelberg: »Debatten um die richtige Interpretation der Quantenmechanik lassen sich grob in einem hierarchischen Schema anordnen, wobei sich jede – zumindest im Prinzip – von fundamentaleren Theorien herleiten, die in der Hierarchie über ihr stehen. Ganz oben thronen die Allgemeine Relativitätstheorie und Quantenfeldtheorie. Die Schicht darunter umfasst Spezielle Relativitätstheorie und Quantenmechanik, die ihrerseits Elektromagnetismus, klassische Mechanik, Atomphysik usw. unter sich haben. Fachgebiete wie Informatik, Psychologie und Medizin erscheinen in diesem Schema tief unten.«

Ich möchte dem Leser mit der Darstellung dieser neu zu bewerteten Physik, der Quantenfeldtheorie, lediglich eine glaubhafte und schlüssige Grundlage vermitteln. Nicht zuletzt deshalb, weil der Leser dieses Buches mit Beschreibungen der Wissenschaft konfrontiert wird, die er ohne diese Werbung nicht akzeptieren würde. Auch so werden wir bei dem Betrachten der folgenden Kapitel sicherlich sehr schnell an die Grenze der Glaubhaftigkeit geführt. Natürlich obliegt es der Beurteilung eines jeden, ob und inwieweit sich an den entsprechenden Stellen der Glaube zu den Beschreibungsmodellen tatsächlich einstellt. Sicherlich ist mit den hochgepriesenen Quantenfeldmodellen auch nicht die letzte Frage geklärt, jedoch sind sie das zurzeit »schärfste Instrument«, um das materielle Sein zu beschreiben und zu erklären. In den folgenden Kapiteln werden wenige, ausgewählte Modelle hierzu vorgestellt. Diese Modelle zählen bei der wissenschaftlichen Elite, in dem Kontext der entsprechenden Frage, zu den ernst genommenen.

Quantenphysik und Gehirn

Andrew Newberg von der University of Pennsylvania machte in einem Labor Fotos von dem, was Gläubige die Gegenwart Gottes nennen. Er untersuchte Buddhisten und Franziskanerinnen im Zustand von Gebet und Meditation. Newberg entdeckte, dass an der Hinterseite des Gehirns ein kleiner Bereich existiert, der kontinuierlich die räumliche Orientierung eines Menschen berechnet – gewissermaßen ein Sinn dafür, wo die Grenzen des eigenen Körpers liegen. Auch das in den Scheitellappen befindliche »Orientierungs-Assoziations-Areal« (OAA) war bei allen Versuchsteilnehmern besonders inaktiv. Die Aufgabe dieser Hirnregion ist es, uns die physischen Grenzen unseres Körpers zu vermitteln sowie Informationen über Zeit und Raum weiterzugeben. Wird nun ein Teil dieser Funktionen inaktiv, wie es während einer Meditation der Fall ist, so schwindet der Bezug zu Zeit und Raum. Es entsteht dadurch eine Erfahrung, die als Gefühl der Ewigkeit und Endlosigkeit beschrieben wird. Offenbar findet hier eine bewusste Ankopplung an den Hyperraum (>X4) statt.

»Das bewirkt ein Verschwimmen der Grenzen zwischen dem Selbst und der Welt«, erklärte Newberg. Er fügte hinzu: »Wenn man weit genug geht, löst sich das Selbst komplett auf, und man spürt ein Gefühl der Einheit, der unendlichen Grenzenlosigkeit.«

Der Neurologe Vilayanur Ramachandran von der University of California in San Diego identifizierte eine Region im Gehirn, die er als Gottes-Modul bezeichnet. Dieses Gottes-Modul steht seiner Meinung nach in enger Verbindung mit spirituellen Gedanken. Ramachandran beobachtete bei Epilepsiepatienten im Schläfenbereich unkontrollierte elektrische Erregungen während ihrer Anfälle. Die Betroffenen selbst berichteten von »spirituellen Visionen« und anderen intensiven religiösen Erfahrungen.

»Ein Gefühlsreichtum, den sich alle Glaubensrichtungen in ihren Ritualen zunutze machen«, meint Andrew Newberg. Die Abläufe einer religiösen Zeremonie unterschieden sich so sehr von Alltagssituationen, dass das Gehirn ihnen automatisch den Stempel »besonders bedeutend« aufdrückt. Um

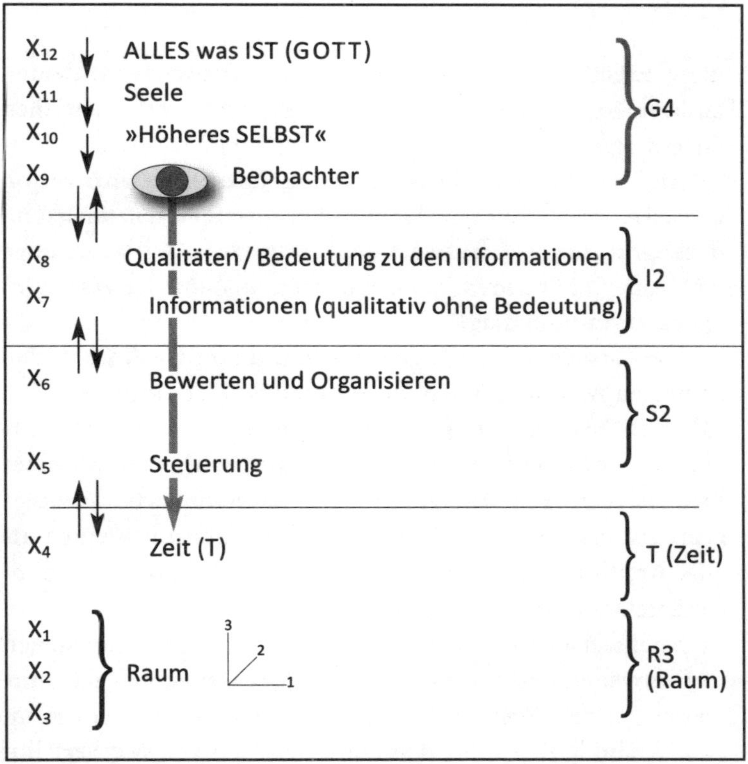

Projektionen zeitloser Strukturen der geistigen Dimensionen (X_9–X_{12}) in unsere Raum-Zeit (unsere Welt). Die Erschaffungs- bzw. Abbildungskette aus der Zeitlosigkeit der geistigen Dimensionen in die Raum-Zeit X_1–X_4. Die Dimensionen X_5 + X_6 erhalten ihre Informationen von »höheren Dimensionen«. X_5 wertet die ständig in X_4 aktualisierenden Organisationszustände, X_6 steuert die mehrdeutige Aktualisierungsausrichtung in X_4. X_5 und X_6 steuern und bewerten (Quantenelektrodynamik) die Raum-Zeit (X_1–X_4).

(R3	+	T)	<—— S2	<—— I2	<—— G4
Raum	+	Zeit	Struktur	Information	Raum G4
(X_1, X_2, X_3)	+	(X_4)	(X_5, X_6)	(X_7, X_8)	(X_9, X_{10}, X_{11}, X_{12})
materielle Welt				nichtmaterieller Hintergrund	

Projektionskette aus dem G4 in die materielle Welt nach W. DRÖSCHER-B. HEIM diese Ergebnisse und Interpretationen entsprechend deuten zu können, widmen wir uns nun den hierfür erforderlichen Grundlagen.

Aus der Neurologie ist bekannt, dass eine Korrelation zwischen den erhöhten Amplituden unserer Neuronen und dem Grad unserer Aufmerksamkeit besteht. Diese Aussage hat weiter reichendere Konsequenzen, als uns der erste Eindruck vermitteln mag!

Die Tatsache, dass im ganzen Gehirn erhöhte Amplituden gemessen werden können, bedeutet, dass hier eine große Anzahl von Neuronen in gleicher Frequenz schwingt. Dies entspricht einem hohen Maß an Kohärenz. Der Biophysiker Fritz Albert Popp bemerkte hierzu: »Veränderte Bewusstseinszustände wie Entspannung und Meditation können als eine Art Kohärenz im langwelligen Bereich unseres Biophotonenfeldes aufgefasst werden.«

Nachweislich erhöhten sie die Kohärenz der gemessenen Gehirnwellen und führten höchstwahrscheinlich zu einer Erweiterung des Bewusstseins. Des Weiteren ist zu bemerken, dass die hohe Kohärenz den Photonen die Fähigkeit verleiht, Ordnung zu bilden und Informationen zu übermitteln.

Noch einmal zur Erinnerung: Kohärenz ist die Fähigkeit der Wellen zur Überlagerung, zur Interferenz, wobei sich die Feldamplituden räumlich verschiedener Photonenquellen gegenseitig verstärken oder abschwächen. Dadurch entsteht ein geordneter Zustand, bei dem die Wellen ein zusammenhängendes und kommunikatives Feld bilden und in hohem Maße aufeinander ausgerichtet sind; bei nicht kohärenten (chaotischen oder thermischen) Photonen hingegen brechen die Interferenzen nach sehr kurzer Zeit zusammen (10^{-9} bis 10^{-5} Sekunden).

Die Eigenschaften der gemessenen Gehirnwellen deuten unter anderem auf eine direkte Ankopplung an eine spezielle, nicht materielle Ebene hin. Das, was wir in der Physik als den Vakuumraum bezeichnen, ist offenbar die Quelle aller Information an sich.

Information, Struktur und Bewusstsein sind eng verknüpft mit der Struktur des Vakuumfeldes. Fritz Albert Popp weist darauf hin, dass sich biologische Systeme dem Vakuum gegenüber anders verhalten müssen als die isolierten freien Atome in den Modellvorstellungen der Physiker; die Atome befänden sich im Gewebe in einer Hohlraumsituation. Dadurch würden sie nicht mehr mit einem unendlichen Vakuum wechselwirken, das Vakuum werde durch den Hohlraum eingeschränkt.

Durch die Wechselwirkung mit dem Vakuum erhalten Zellen und andere Hohlräume, in ihrer Funktion als Hohlraumresonatoren, eine ganz neue Bedeutungsebene. Die große Bedeutung der DNA besteht darin, dass sie ein idealer Hohlraumresonator ist. Die Wechselwirkung mit dem Vakuum kann tatsächlich als mögliche Triebkraft der Evolution betrachtet werden. Fritz Albert Popp wagt die Prophezeiung, die DNA werde sich als Schnittstelle zwischen nichts und etwas, zwischen Vakuum und Biologie herausstellen.

Die innere Ausrichtung der Chromosomen und Centriolen folgt, wie unsichtbar geführt, den bekannten Feldlinienverläufen der Erde. Die hauptsächlichsten Eigenschaften des Hohlraumresonators sind im Besonderen der Aufbau einer stehenden Welle (ortsfester Wirbel) und seine Resonatorgüte. Letztere ist ein Maßstab für das Speichervermögen des Resonators und für die Informationsfähigkeit der jeweiligen Struktur. Eine stehende Welle wiederum kann die Positionen der Moleküle beeinflussen und stabilisieren. Stehende Wellen sind dem Gesetz der Kohärenz zuzuordnen.

Kohärenz wiederum sorgt dafür, dass ein Informationstransfer und eine Signalverstärkung stattfinden. Zusammengefasst lässt sich sagen, dass die biologische Zelle mit ihrer im Kern enthaltenen DNA eine ideale Antenne zum Senden und Empfangen von Informationen ist. Das Herausragende hierbei ist jedoch die Eigenschaft der primären Kommunikation mittels Biophotonen und der Biogravitationen. Hiermit ist das System in der Lage, untereinander (intra- und interzellulär) sowie mit seiner »Quelldatenbank« zu kommunizieren. Diese »Quelldatenbank« entspricht den imaginären Strukturebenen, die den uns bekannten drei Raumdimensionen übergeordnet sind, also dem Hyperraum.

Die entscheidenden physikalischen Einflussgrößen, die von höherdimensionalen Strukturen gesteuert werden, sind gravitative Systeme. Eine bekannte sekundäre Erscheinungsform hiervon ist zum Beispiel das uns bekannte Magnetfeld.

Das Revolutionäre hierbei ist, dass sämtliche Strukturen und Programme, also Informationen, primär nicht materiell abgelegt sind. Diese sind den höheren Dimensionsebenen zugeordnet. Der eigentliche Grund, weshalb wir das Thema Geist, zum Beispiel als Information, nicht in unser primär materiell orientiertes naturwissenschaftliches Weltbild integrieren konnten, liegt in seiner »versteckten« Örtlichkeit, ergo in der »höheren« Dimension. Gerade an dieser Stelle ist der Leser sicherlich mit der Glaubwürdigkeit konfrontiert. Dennoch bleiben die Seriosität und Zuverlässigkeit für die Grundlage dieser Beschreibung aufrecht. Die Ableitung bzw. die Modellbeschreibung des Hyperraums in den Kontext der Biologie zu stellen basiert auf fundierten Berechnungen und abgesicherten Ergebnissen.

Sollte dieses fantastische physikalische Modell tatsächlich die Interaktion zwischen Geist und Materie beschreiben, so findet sich hierin unter anderem eine Erklärungsgrundlage für sehr zahlreiche physikalische und biologische »Ungereimtheiten«. So ist beispielsweise immer noch nicht bekannt, wo sozusagen ein »Gedanke seinen Sitz« hat. Niemand hat bisher auch nur einen Gedanken nachweisen können. Das, was wir an dieser Stelle angeboten bekommen, sind bestenfalls sekundäre Konstrukte, beispielsweise ein Nachweis, dass ein Denkprozess eingetreten ist. Das, was uns dabei unterschlagen wird, ist jedoch, dass ein Gedanke nicht primär elektromagnetischen Ursprungs ist.

4. Das Gehirn als Schlüsselorgan

Kein menschliches Organ hat sowohl Wissenschaftler als auch eine interessierte Öffentlichkeit in den letzten Jahrzehnten derart fasziniert wie das Gehirn. Seine Wirkungsweise ist längst noch nicht endgültig erforscht, und jede neue These bringt erkenntnistheoretische sowie ethische Fragestellungen mit sich. Renommierte Hirnforscher wie Gerhard Roth fragen: Ist ein Mörder für seine Taten verantwortlich, wenn man nachweisen kann, dass sein Gehirn durch frühe Misshandlungen eine abnorme Entwicklung durchmachte? Müssen wir unser Menschenbild modifizieren, wenn wir wissen, dass durch Fehlernährung psychische Grenzzustände erzeugt werden können? Das sind nur einige der Themenkomplexe, mit denen wir konfrontiert sind.

Warum aber nimmt das Gehirn eine zentrale Position ein? Jedes menschliche Gehirn umfasst mehr als 10^{15} organische Großmoleküle. Allein in der Hirnrinde befinden sich pro Kubikzentimeter etwa sechs Kilometer Nervenleitung. Es gibt zehn Milliarden Hirnzellen, jede hat durchschnittlich 10 000 Verbindungen. Möglicherweise verlieren wir täglich 10 000 dieser Zellen, was bedeutet, dass in 24 Stunden mehr als 100 Millionen Netzverbindungen gelöscht werden. Im Alter macht sich der Verlust schließlich bemerkbar.

Das neuronale Steuerungssystem

Die bereits im ersten Kapitel angesprochenen Glia-Zellen sind zehnmal häufiger vorhanden als Nervenzellen. Die Glia-Zellen spielen sowohl im Gedächtnis als auch als immunkompetente Zellen eine Rolle. Das Gehirn nimmt nur zwei Prozent unseres Körpergewichts ein, verbraucht aber 20 Prozent des aufgenommenen Sauerstoffs. Der Energieverbrauch beträgt circa 20 Watt. So arbeitet das Gehirn in der spezifischen Dichte der Energieumwandlung 100 000-mal intensiver als unsere Sonne.

Gehirnzellen sind Glia-Zellen und Nervenzellen. Letztere sind Zellen mit relativ langen Fortsätzen. Diese Fortsätze vergrößern die Oberfläche der Zelle. Die Oberfläche wird von funktionellen Membranen repräsentiert, die zur Abgabe niedrig gepulster Hochfrequenzschwingung fähig sind. Stellen Sie sich einen Weihnachtsbaum im abendlich erleuchteten Stadtzentrum mit vielen künstlichen Lichtern vor. Wenn alle Kerzen zufällig durcheinanderblinken, dann ist der Weihnachtsbaum mit zunehmender Entfernung im Lichtermeer der vorüberfahrenden Autos bald nicht mehr erkennbar. Wenn aber 99 Prozent aller Kerzen zufällig an- und ausgeschaltet werden, dagegen ein Prozent synchron als Gruppe blinkt, so werden wir die Gruppe noch aus großer Entfernung klar vor dem Hintergrund identifizieren können. Funkt ein großes Neuronenkollektiv im selben Takt, also kohärent, und überlagert sich mit einer anderen Neuronenkollektivsendung, dann ergeben sich momentane Superpositionen. An den Stellen, an denen sich alle Felder aufaddieren, wird es am hellsten. Diese Muster sind das jeweilige Abbild subjektiver Wirklichkeit.

Im gesamten Gehirnbereich befinden sich deshalb dauernd leistungsstarke Interferenzmuster. Gezielt moduliert wird diese von Membranen ausgehende Hochfrequenzschwingung von vielfältigen elektromagnetischen Schwingungen, die zusätzlich von Neurotransmittern ausgehen. Das sind spezielle Moleküle, die winzige Spalten zwischen den Fasern überbrücken. Während die Überlagerungen aller niederfrequenten Pulse im Gehirn als Elektroenzephalogramm (EEG) abgegriffen werden können, werden die Hochfrequenzschwebungen bisher unbeachtet gelassen.

Die Methode zur gängigen Untersuchung der elektromagnetischen Eigenschaften des Gehirns ist dringend erweiterungsbedürftig. Die Signale des Herzens werden neuerdings auf Hochfrequenzanteile untersucht – mit einer unerwartet hohen Ausbeute an Zusatzinformationen. Das wäre auch beim Gehirn zu erwarten. Gruppen von Neuronen feuern chaotisch. Das heißt, dass dem Aktivitätsmuster eine verborgene Ordnung zugrunde liegt. Wie alle chaotischen Systeme reagieren die Muster extrem empfindlich auf geringste Einflüsse.

Mit anderen Worten: Das Gehirn ist ein Konglomerat aus Schwingungsmustern und Photonen bzw. Quanten unterschiedlicher Energie mit der Tendenz zum plötzlichen Umkippen des Musters. Da diese Schwingungsmuster und Energien von wasserhaltigen Geweben absorbiert werden können, gibt es Hohlleiterresonanzsysteme, welche die Energien kanalisieren und an die richtigen Zielstrukturen leiten.

Nach Stuart Hameroff schaltet Anästhesie das Bewusstsein dadurch aus, dass die Bewegung von Elektronen in den Mikrotubuli gehemmt wird. Die Gehirnhälften der Hirnrinde verarbeiten Informationen verschieden. Die linke Gehirnhälfte versucht die ankommende Information in Worte und Zahlen zu strukturieren und in die Zeitachse einzuordnen. Die rechte Gehirnhälfte erzeugt aus den einlaufenden Informationen Bilder und weist den Bildern einen zeitlosen Raum zu. Zwischen beiden Gehirnhälften befindet sich ein »dickes Verbindungskabel« mit 250 Millionen einzelnen Verbindungsfasern. Das Vorderhirn fungiert als Regieanleitung der Kommunikation zwischen den beiden Hälften. Zwischen den Hirnhälften existiert also eine Arbeitsteilung, die einerseits relativ streng Gefühl, Intellekt, Raum und Zeit auseinanderhält und andererseits diese Komponenten – über das Vorderhirn gesteuert – verknüpfen kann. Gefühl ist der elektromagnetischen Schwingungsenergie zuzurechnen, der Intellekt knüpft direkt an Raum und Zeit an, also an die Gravitation. Der Glaube, der sich sowohl des Gefühls als auch des Intellekts bedient, hat Zugriff auf die Energie und fixiert einen Istzustand in der Zeit – im Sinne der Dauerbeobachtung.

Das den Hirnstamm wie einen Saum umgebende limbische System fungiert als Gefühlsgenerator mit Zugriff auf alle Steuersysteme, die das Leben automatisieren können. Der Thalamus ist der zentrale Teil dieses limbischen Systems. Hier überschneiden sich nicht nur magnetische Felder, vermutlich nehmen hier auch – wegen der strategisch einmaligen Situation – die geistigen Prozesse Einfluss auf die Raumzeit, die Gravitation.

Wie schaffen es beispielsweise manche Tiere, über Hunderte von Kilometern durch völlig unbekanntes Terrain nach Hause zu finden? Das Bemühen, parapsychologische Geschehnisse einer wissenschaftlichen Deutung zuzuführen, hat Tradition. Einstein empfahl, auf parapsychologische Phänomene zu achten; ebenso C. G. Jung und Pauli. Der berühmte Neurologe W. Bechterew versuchte die Wissenschaft von der Existenz einer psychischen Fernwirkung zu überzeugen. Er hielt eine elektromagnetische Theorie der Telepathie für wahrscheinlich und arbeitete mit Pawlow über Hypnose und Telepathie bei Tieren. Einer seiner Schüler war der spätere russische Professor Wassiliew, der ausführliche Experimente nach wissenschaftlichen Kriterien durchführte und in einem Buch veröffentlichte. Die Ergebnisse waren und sind heute noch äußerst spektakulär. Die Telepathie als Fernwirkung konnte reproduzierbar bewiesen werden mit Distanzen von 1700 Kilometern zwischen Sendern und Empfängern.

Die Probanden waren zum einen Sender, zum anderen Empfänger. Sie wurden getrennt voneinander in Bleikammern mit zwölf Zentimeter dicken Wänden gesetzt. Derartige Wände können nur ganz extrem kurzwellige oder ganz extrem langwellige elektromagnetische Energien durchdringen. Beides ist mit der nötigen Leistung durch den menschlichen Organismus nachweislich nicht aussendbar. Dennoch funktionierte die Telepathie. Kalkuliert man, was von allen heute bekannten physikalischen Größen für den Effekt aus

Bleikammern heraus möglich ist, dann bleibt nur die Gravitation übrig. Die wellenlose Gravitation hätte die beste Chance der Durchdringung; dies widerspricht aber der gequantelten Energie, deshalb spricht Woltersdorf von »außerphysikalisch«.

Wie genau funktioniert nun der an diesem Effekt beteiligte Thalamus, dieses seltsame Gehirnzentrum? Er beinhaltet eigentümliche Kerne, die aus Neuronenzellen bestehen. Diese Kerne bilden das Tor zum Tagesbewusstsein. Vom gesamten Informationstransfer erhält der Thalamus eine Kopie. Derartige Kopien sind elektrische Interferenzfelder. Anhand der interferierenden Feldmuster wird entschieden, ob das Tor zum Bewusstsein sich öffnet oder geschlossen bleibt. Das jeweilige Muster schlägt sich in einer ununterbrochenen Oszillatorrhythmik nieder, ganz ähnlich wie der Herzrhythmus. Der Thalamus ist der Schrittmacher der elektrischen Gehirnaktivität. Seine Frequenzen variieren um 7,8 Hz herum. Langsame Frequenzen bis 15 Hz innerhalb des Gehirns werden vom Thalamus synchronisiert. Je langsamer und synchronisierter die Wellen (Schlaf, Entspannung, Meditation, Koma) sind, umso mehr schließt sich das Tor für den Weiterlauf der Information ins Bewusstsein. Werden dagegen Informationen aus der Umwelt aufgenommen und wird dadurch die Aufmerksamkeit auf diese Signale gelenkt, dann wird das Tor zum Bewusstsein weit geöffnet. Ein weiterer Türöffner ist das Vorderhirn, das uns bereits als Regisseur in der Kommunikation der beiden Gehirnhälften begegnet ist.

Eine Beschädigung des Thalamus hat unter anderen Ausfällen eine Verwirrung des Zeitsinns zur Folge. Zeitsinn lässt sich physiologisch nicht festlegen, angeboren gibt es keinen Zeitsinn. Vermutlich sind die Oszillationen des Thalamus mit der Zeit verbunden. Ich hatte vorher bereits dargestellt, wie unsere intellektuellen Gedanken die Zeit ins Spiel bringen, um Ordnung aufzubauen. Ein wichtiger Teil des Thalamus ist der Hippocampus, eine Art Lernzentrum. Die Nervenzellen des Hippocampus sind die Schrittmacher einer ganz bestimmten Oszillation, des Theta-Rhythmus (4 bis 7 Hz). Bei Kindern ist dieser Rhythmus immer dominierend, Erwachsene dagegen haben ihn nur im Schlaf, bei tiefer Entspannung und beim Meditieren. Der Rhythmus übergreift neben dem Hippocampus auch die Teile des limbischen Systems, die Gefühle mit Duft koppeln.

Das bedeutet, dass an einen Geruch immer Erinnerungen mit Gefühlen geknüpft sind. Diese interessante Kombination hat große Bedeutung für die Steuerung von Lebensprozessen. Die enge Verknüpfung von Hippocampus und limbischem System ermöglicht auch die Zuordnung von angebotenen Gefühlen mit bestimmten Situationen als Prägung. Da das limbische System einen direkten Zugriff auf das vegetative Nervensystem und den Hormonhaushalt hat, wird mit jeder Gefühlsregung der gesamte Körper beeinflusst. Deshalb beeinflusst jedes Gefühlsniveau vorsorglich den Tonus unserer Skelettmuskulatur. Im Fall von Stress oder einer Bedrohung wird der Muskel vorgespannt, um schneller reagieren zu können.

Umgekehrt wirkt der so veränderte Körperstatus zurück auf die Generierung der Gefühlsmuster. Wir können, wie bei den Elektronen, zwischen Angebotswelle und Bestätigungswelle und schließlich Kraftübertragung unterscheiden. Wird zum Beispiel durch ein gewisses Unsicherheitsgefühl der Muskeltonus angehoben und der Blutdruck erhöht, so erhöht sich rückgekoppelt die Frequenz des Theta-Rhythmus. Diese erhöhte Frequenz hat frappierende Auswirkungen auf die Generierung von Folgegefühlen. Durch nun stattfindende Umschaltungen in bestimmten Zentren wird die Psyche von der Umwelt abgeschottet, und die erhöhte Frequenz kreist als Nervenerregung im Thalamus. Das ist die Voraussetzung, um in ein massives Angstgefühl zu gleiten, das erst dann seine Macht auf den Körper verliert, wenn Außenreize wieder ins Bewusstsein durchgesteuert werden. Über die enge Verbindung zum Lernzentrum, den Hippocampus, kann die Auslösung von Angstgefühlen schnell gelernt werden – archaisch sicherlich sinnvoll, heute aber für Betroffene eine Quälerei.

Keiner von uns macht sich klar, was diese von uns empfundenen Gefühle eigentlich sind, woraus sie bestehen. Verfestigt werden sie von einem aktuellen Mosaik bestimmter Moleküle, den Neurotransmittern. Diese Moleküle werden aufgrund einer speziellen Reiz- und/oder Erregungskonstellation des Neuronengeflechts freigesetzt, bevorzugt im Gehirn und im daran angeschlossenen Immunsystem. Die Neurotransmitter beinhalten Information, die an spezifischen Rezeptoren abgesetzt und in der Folge gelesen werden können. Jeder Transmitter hat seine ureigene Botschaft. Die Information ist – wie sollte es anders sein – als elektromagnetische Schwingung codiert.

In jedem Moment werden so an Milliarden Stellen innerhalb unseres Gehirns gleichzeitig elektromagnetische Signale ausgesandt. Alle elektromagnetischen Signale sind mit Feldern verbunden, die sich überlagern. Dadurch entsteht in jedem Augenblick ein einmaliges Interferenz-Hologramm. Dieses Hologramm dirigiert die elektrischen Ladungen, also vor allem die freien Elektronen im Gewebe.

Wer bzw. was kann Hologramme nun abtasten und dadurch das Gesamtsystem erkennen? Sucht man die Antwort auf diese Frage, landet man unweigerlich – entsprechend dem bisher Dargestellten – bei den freien Elektronen. Sie können am schnellsten reagieren, um alle plötzlichen Änderungen des Musters nachzuvollziehen. Elektronen sind imstande, alle Nachbarelektronen, die mit ihren besonderen Zuständen das Hologramm nachkonstruieren, zu konsultieren und insgesamt mit Angebotswellen abzutasten. Jedes Elektron, das den Abtaststrahl akzeptiert, sendet seinerseits einen Bericht über seinen spezifischen Zustand innerhalb des Hologramms als Bestätigungswelle zurück. So weiß jedes freie Elektron über fast jedes andere freie Elektron Bescheid. Damit entsteht für alle die Übersetzung des Originals vom Hologramm. Es gibt einen vagen Hinweis darauf, dass dieses Abtasten als Vorleistung zum Bewusstwerden tatsächlich existiert.

Die US-Forscher Libet und Feinstein kamen in einem Experiment zu einem aufregenden Ergebnis: Das Gehirn beginnt bereits bis zu 1,5 Sekunden, bevor die Versuchsperson eine einfache willkürliche Handlung vornimmt, wie das Heben der Hand, entsprechende Wellen auszusenden – und dies völlig unbewusst. Das Bewusstwerden der Entscheidung passiert erst zwei Zehntelsekunden vor Beginn der Bewegung.

Nur in dieser extrem kurzen Zeit des Bewusstwerdens kann der Handlungsimpuls noch gestoppt werden.

Die Absicht, zu handeln, entsteht also aus einer Aktivität, die nicht Teil unserer bewussten Wahrnehmung ist. Oder anders interpretiert: Das Bewusstsein ist der Wächter über die vom Gehirn erzeugten Absichten. Das passt zu meiner vorher vertretenen Interpretation, wonach das Bewusstsein lediglich dem Zugriff zur Steuerung der Vakuumenergien entspricht.

Das Hologramm in uns

Was ist eigentlich ein Hologramm? Holografie (griechisch *holos:* ganz; *graphein:* schreiben) ist eine Methode zur Erzeugung dreidimensionaler Bilder von Gegenständen. Basis für dieses optische Verfahren ist die Erzeugung von kohärentem (zusammenhängendem) Licht mit ausreichender Intensität – dies ist nur mithilfe eines Lasers möglich. Wenn man einen Gegenstand mit kohärentem Licht bestrahlt, dann entsteht ein Wellenfeld, das sich vom Feld des Laserlichts unterscheidet. Wenn die Lichtwellen auf den Gegenstand treffen, können verschiedene optische Phänomene wie zum Beispiel Reflexion, Beugung oder Interferenz ablaufen. In dem auf diese Weise veränderten Wellenfeld steckt dann sozusagen die optische Information, und zwar in Form von Amplituden- und Phasenverteilung. Gerade diese benötigt man, um einen dreidimensionalen Gegenstand vollständig abzubilden. Einfacher dargestellt: Das Laserlicht »belichtet« oder »aktiviert« den Film. In diesem Prozess werden kodierte Muster, die Frequenzinformationen enthalten, in 3-D-Form umgesetzt. Der wesentlichste Aspekt eines Hologramms ist der, dass jedes Teil und jedes Fragment des Hologramms dafür verwendet werden können, das Bild des kompletten Originalobjekts entstehen zu lassen. Jedes Fragment enthält das Ganze. Das Hologramm steht für die ungeteilte Natur des Kosmos.

Es sind die Mikrotubuli in unserem Gehirn, denen eine wesentliche holografische Funktion zukommt. Sie scheinen über Elektronenbewegungen in die Erzeugung von Information eingebunden zu sein. In diesen Mikrotubulisystemen spielt sich das Primärgeschehen des Tagesbewusstseins ab. Letztlich besitzen alle Zellen Mikrotubuli. Wie wir bereits wissen, bilden sie kilometerlange Hohlröhren, die als Hohlraumresonatoren elektromagnetische Schwingungen leiten können. Der menschliche Körper erzeugt und sendet ununterbrochen energiereiche Strahlung mit der höchsten Intensität, das heißt mit der höchsten Photonenanzahl, im Mikrowellen- und Thermowellenbereich (10^{13} Hz). Gleichzeitig wird resonante Strahlung von außen eingestrahlt. Alle Strahlung interferiert miteinander und bildet laufend im Muster sich ändernde Hologramme aus. Die gleichzeitig entstehenden Schwebungsfrequenzen haben neben den Frequenzen der Primärschwingungen ebenfalls physiologische Bedeutung. Die Strahlung entsteht bei Stoffwechselprozessen, Enzymtätigkeiten, energetischen Phosphorylierungen, aber vor allem bei Membrandepolarisation als Ursache von Nerven- und Muskeltätigkeiten. An allen Strahlungsaktivitäten sind die im Körper universal vorhandenen Mikrotubuli beteiligt.

Zunächst wies der Neurowissenschaftler Karl Pribram nach, dass das technische Modell der holografischen Speicherung von visuellen Informationen auch für den Menschen zutrifft. Das bedeutet, dass unsere Erinnerung nicht lokal in irgendwelchen einzelnen Zellen gespeichert ist, sondern verteilt als Interferenzmuster, also als Hologramm, über ganze Areale.

Über das materielle Substrat der Interferenzmuster sind sich die Wissenschaftler noch nicht ganz einig, ob nur in den Nervenzellen (Dendritenpotenziale) oder in allen Körperzellen diese Informationsverarbeitung vonstattengeht. Später weitete dann Pribram seine Theorie dahin aus, dass auch alle anderen Sinneseindrücke auf dem holografischen Prinzip basieren. Zusammen mit David Bohm, einem Schüler von Albert Einstein, erkannte er, dass der ganze Kosmos ein holografisches Universum ist, wobei unser Gehirn wiederum ein Hologramm ist! In dieser Wirklichkeit befinden wir uns in einem Ozean von Wellen und Frequenzen. Unser Gehirn hat durch die Interpretationen der Interferenzmuster nun die Fähigkeit, kontinuierlich eine objektive Realität zu konstruieren.

Mehrere Autoren, wie zum Beispiel Bearden und York, fassen das menschliche Gehirn als Skalarwellendetektor auf, die beiden Gehirnhälften würden eine (auch aktivierbare) Interferometer-Anordnung bilden. Nach Thompsen jr. wird eine Transkommunikation mittels Skalarwellen realisiert, die als holografische Muster unendlicher Dimensionen existieren, wobei proportional zur Komplexität der Information viele derartige Muster überlagert sind.

Pribram konzipiert ein umfassendes Paradigma, das die Hirnforschung eng an die Physik bindet. Normale Wahrnehmung, paranormale und transzendente Erfahrungen sind darin Teile der holistischen Natur. Der Funktionalismus sieht Bewusstsein als reine Information, fundamentaler als die materielle Welt. Eccles erkennt die Gehirnstruktur als Interface zu nicht materiellen geistigen Bereichen und den Geist als »Programmierer« des Gehirncomputers!

Der Bewusstseinsforscher Evan Harris Walker aus Cambridge meint, dass der Bewusstseinsprozess nicht chemischer Natur ist, sondern auf einem quantenmechanischen Tunneleffekt basiert. Er führt überzeugende Beweise dafür an, dass in der Synapse ein quantenmechanisches Phänomen stattfindet. Auch David Bohm und Basil Hiley berichten von »verblüffenden Ähnlichkeiten zwischen dem Quantenpotenzial und den Verbindungen des Gehirns«. Sie fanden heraus, dass der Raum zwischen den Nervenenden sich niemals ganz still verhält, sondern eine kontinuierliche Aktivität langsamer Wellenpotenziale aufweist. In diesem synaptischen Spalt herrscht eine unaufhörliche und komplexe Aktivität von Wellenformen (mit bis zu 20 Impulsen pro Sekunde) und den daraus resultierenden Interferenzmustern. Dies ist eine Grundvoraussetzung, um holografisch verschlüsselte Informationen entstehen zu lassen. Dies würde erklären, dass Erinnerungen nicht allein auf bestimmte Gehirnzellen begrenzt bleiben, sondern sich (zeitgleich) im gesamten Gehirn ausbreiten.

Es ist also festzuhalten, dass Informationen nicht – wie bisher angenommen – in begrenzten Gehirnarealen lokalisiert sind, sondern vom ganzen Gehirn abgelesen werden. Die Informationen selbst sind in einem Photonenfeld gespeichert. Das Gehirn wandelt die Frequenzen im Hologramm in

Nervenimpulse um. Selbst die Erkenntnisse Hameroffs ließen sich in dieses Modell einordnen. Die von ihm entdeckten Erscheinungen im Bereich der Bewusstseinsforschung würden elegant in dieses holografische System passen. Der US-Psychologe Keith Floyd ist der Ansicht, die höheren Gehirnfunktionen wie Wahrnehmung, Gedächtnis, Vorstellung usw. seien am besten auf der Grundlage eines optischen Systems zu verstehen. Er meinte, dass der von Pribram vorgeschlagene holografische Mechanismus sich einer Art von dreidimensionalem, organischem Bildschirm bedienen könnte, einer bestimmten Gehirnregion, in der sich Bewusstseinsprozesse abspielen würden. Jener Bereich des Mittelhirns, der unmittelbar hinter der Sehnervkreuzung liegt, könnte eine solche neurale holografische Platte darstellen. Für Floyd ist die Zirbeldrüse der Mittelpunkt des holografischen Nervenenergiefelds, das hier als Bildschirm dient.

Floyd schreibt: »Hier ereignet sich jener Lichtblitz, der als Bewusstseins-Bildschirm erlebt wird und auf dem sich ständig verändernde Figur-Hintergrund-Beziehungen die äußere Realität repräsentieren. Hier müsste auch der Punkt sein, wo sich unser Zeitgefühl und unser Gefühl für Bewegung und Veränderung manifestieren, sodass die Entdeckung nicht überraschen sollte, dass die Entfernung der Zirbeldrüse unsere biologische Uhr durcheinanderbringt. Wenn die Zirbeldrüse entfernt ist, ist allerdings nur der Kontrollmechanismus für die rhythmischen Lichtblitze eingebüßt; die Blitze selbst aber gehen weiter an derselben Stelle vor sich, obwohl das Organ, bei welchem sie abgelaufen waren, nicht mehr vorhanden ist.«

Zur Erinnerung sei darauf hingewiesen, dass bis heute der »Sitz des Bewusstseins« unentdeckt blieb. Vielmehr geht es um die Wechselwirkung von Energiefeldern im Gehirn im Allgemeinen. Es wird unter den Spezialisten zurzeit eine entsprechende Hypothese diskutiert. Hiernach würden die Bewusstseinsprozesse ein Vergleichen von außen kommenden elektromagnetischen Wellen mit Photonen aus dem Nervensystem beinhalten, das in diesem zentralen Hirnbereich vor sich geht. Bei der Wahrnehmung, so meint Floyd, werden in den beiden gegenüberliegenden Gehirnhälften Gehirnwellenmuster erzeugt, die auf dem wahrgenommenen holografischen Bild beruhen. Die Erinnerung spielt sich so ab, dass die bei der ursprünglichen Wahrnehmung aktivierten Nervenstromkreise wieder auf dieselbe Art erregt werden wie bei dem Erlebnis selbst. Dadurch werden die gleichen Gehirnwellenmuster reaktiviert, die auch der ursprünglichen Erfahrung zugrunde lagen – und zwar in der Form einer Überlagerung von Interferenzwellen von beiden Gehirnhälften, sodass das ursprüngliche Hologramm rekonstruiert wird.

Was wir Erinnerung nennen, wäre somit eine bewusst vor sich gehende Interpretation der grundsätzlich vieldeutigen Figur-Hintergrund-Muster auf oder in der holografischen »Platte«, dem Feld im Gehirnbereich um Zirbeldrüse, drittem Ventrikel und Hypophyse herum, wo sich die Bewusstwerdungsprozesse abspielen. Natürlich könnte das nur funktionieren, wenn tatsächlich kohärente Energie im Gehirn vorhanden wäre. Heute gibt es ernst zu nehmende Forschungsergebnisse, die besagen, dass elektromagnetische Vorgänge im Gehirn koordiniert und kohärent ablaufen. Schon einzelne Neuronen sind nach Jantsch Spezialisten für schnelle, nicht lineare Transformationen. Die Gehirnwellen, die wir im EEG aufzeichnen, zeigen, dass sogar Tausende bis Millionen von Gehirnzellen kohärent schwingen. Sie zeigen in ihrem Kommunikationsverhalten Phänomene der Selbstorganisation. Ihre Dynamik erinnert an dissipative Strukturen.

Neueste Forschungen haben ergeben, dass Gehirnzellen aus weit auseinanderliegenden Gehirnbereichen auf Reize, die vom gleichen Wahrnehmungsobjekt stammen, koordiniert reagieren. Es ist durchaus anzunehmen, dass die zusammenhängenden Bilder von Objekten tatsächlich durch kohärente Wellen elektrischer Aktivität, die für einen Moment das Gehirn durchlaufen, gebildet werden. Die längsten EEG-Wellen müssten also die kohärentesten sein; tatsächlich wird in Zuständen tiefer Entspannung, wie beispielsweise während einer Meditation, die Dominanz der schnellen Beta-Wellen des Alltags von einer Koexistenz langsamerer und längerer Alpha-Wellen abgelöst.

Bevorzugt treten diese Wellen bei Yogis sowie bei Heilern während der Kontemplation bzw. der Heilertätigkeit auf. Meditation kann so als eine Art Kohärenztherapie im langwelligen Bereich unseres Photonenfelds verstanden werden. Nachweislich erhöht die Meditation die Kohärenz unserer Gehirnwellen und führt möglicherweise zu einer Erweiterung unseres Bewusstseins. In einem Zustand »luzider Wachheit« treten alle drei Wellenbänder (Beta, Theta und Gamma) symmetrisch in beiden Hirnhälften auf. Gleichzeitig synchronisieren sich beim Heilen auch die Gehirnwellen von Heiler und Patient.

Im komplexen Netzwerk von miteinander auf vielfache Weise gekoppelten Oszillatoren im Organismus spielt offenbar das Nervensystem – als Gewebe mit der höchsten Kohärenz – eine besondere Rolle. Der Chaostheoretiker Ralph Abraham ist der Ansicht, dass »das Netzwerk der Neuronen in erster Linie als Lieferant von Stoffwechselenergie für die Aufrechterhaltung von biochemischen Oszillationen und als Kopplung zu anderen Vibratoren im Organismus dienen könnte, wie beispielsweise zu den Muskeln und zu den Sinnesorganen. Ich schlage vor, dass Wahrnehmung ein Phänomen der Resonanz zwischen dem Gehirn und externen Vibratoren ist.«

Der Biologe Roger Coghill meint, dass das Gehirn über die elektromagnetischen Signale einer morphogenetischen Gehirnstrahlung mit der DNA jeder einzelnen Zelle verbunden ist. Dieses Signal soll als individualspezifisches »Erkennungszeichen« eine digitale Repräsentation des gesamten Bauplans des Organismus enthalten und der Zelle über die Antenne DNA die nötigen Startbefehle für die Teilung und die Synthese von Proteinen geben. Wegen der Abwesenheit von Sonnenlicht-Input und minimalem internem Rauschen könnte das Gehirn, insbesondere nachts und am intensivsten während des REM-Schlafs (Traumphase), mit den Zellen kommunizieren und auf elektromagnetischem Wege ihre Reparatur, ihren Ersatz, aber auch die Tätigkeit des Immunsystems instruieren.

Der Chemiker Hans Primas veröffentlichte hierzu bereits 1985: »Die polarisierte Wirklichkeit ist nicht absolut, sondern eine spezifisch dem Ich-Bewusstsein zugeordnete Wirklichkeit. Diese Polarisierung wird durch unser Bewusstsein erzeugt.«

Die durch diese Symmetriebrechung konstruierte Realität ist insofern objektiv, als sie immer dann eindeutig bestimmt ist, wenn wir uns für eine bestimmte Optik entschieden haben. Aber die Wahl der Optik ist uns von der Quantenmechanik nicht vorgeschrieben. Ein konstruktiver Geist kann diese Freiheit nützen und eine neue Realität erschaffen und so im Sinne von Leonardo zum »fabricator mundi« werden! Jede Abstraktion schafft ihre eigene Realität, und die erfahrene Wirklichkeit ist abhängig von der gewählten Abstraktion.

Rein physikalisch betrachtet, genügt es, dass ein Medium, das Hologramme speichern kann, irgendwo Grenzflächen hat und eine wellenförmige Energieform in sich trägt (Referenzlicht), um Objekte zu erzeugen, die sich selbst verstärken und stabilisieren. Diese Substanz sollte man sich wie eine Flüssigkeit vorstellen, in der sich Schwingungen fortpflanzen. Die speichernden Strukturen müssen ebenfalls aus dieser Flüssigkeit bestehen. Möglicherweise kommen hierfür Wirbel infrage. Ihre leichte Beweglichkeit befähigt sie zum Fokussieren ihrer Information, sodass sie ein gemeinsames Abbild ihres Hologramms erzeugen können. Warum sollte »tote Materie« so etwas tun? Entweder weil sie von bewussten Energien gesteuert wird oder weil sie selbst gar nicht tot ist!

Durch die Rückkopplung von Abspeichern und Wiederabstrahlen kann ein stabiles Gebilde erzeugt werden, das gänzlich aus Lichtenergie besteht und das die Energie einer Hologrammspeicherstruktur bei Weitem übersteigt. Diese Energieansammlung »lebt« nach wie vor vom Überlagerungsprinzip, hängt im Fokus ihrer gemeinsamen Erzeuger. Wenn sich die Erzeuger bewegen, wird sie unscharf, weil aus Synchronmangel zeitweise Auslöschungen erfolgen können. Bei einigermaßen synchroner Bewegung bewegt sich die gepumpte Lichtansammlung allerdings mit, ansonsten zerfällt sie unter Lichtabgabe.

Das würde konkret heißen: Die holografische Energieansammlung ist Masse, ist materialisierte Lichtenergie, ist das Produkt einer kollektiven Energiepumpe. Ein Beispiel für diese Masse könnte ein Elektron, ein Proton, ein Neutron oder irgendein anderes massenbehaftetes Elementarteilchen sein. Die primären Hologrammspeicherstrukturen (HSS) aus dem Urmedium sind sehr viel kleiner, beinhalten aber informatorisch das Elementarteilchen noch einmal. Sie könnten stabile kinetische Wirbelstrukturen im Urmedium sein. Die HSS haben vermutlich etwas mit Bewusstsein zu tun, weil sie wiederum mit Information zu tun haben. Ein Teil der eingefangenen Energie ist ständig unterwegs zwischen HSS und Masse, um die Information in der HSS zu aktualisieren und auf dem Rückweg die Masse durch neues Licht zu stabilisieren. Zusätzlich müssen im Urmedium genügend Referenzwellen vorhanden sein, weil sonst prinzipiell kein Hologramm entstehen kann!

Da es auch Schall-Holografie gibt, genügt es auch, sich diese urmedialen Wellen wie longitudinale Schwingungen vorzustellen. Heißt es nicht: Am Anfang war das Wort? So ist es möglich, dass zu jedem Materieteilchen mindestens zwei HSS-Teilchen gehören. Gibt es pro Materieteilchen genügend überschüssige HSS, könnten diese sich auch abkoppeln, ohne dass sich die Materie in diffuses Licht auflöst. Sie könnten dann als viel dünneres Materie-Doppel bisweilen ein Eigenleben führen – zum Beispiel in Form wandelnder Astralkörper. Dazu müssen sie aber ihren Gesamtzusammenhang behalten. Dieses wäre möglich, denn schon die Bindung zweier Elementarteilchen zum Atom erfordert ein gemeinsames Bindungs-HSS. Ebenso dürfte die Molekülverbindung in einer Art Molekül-HSS-Zentrale die Informationen aller beteiligten Atome vereinen. Sobald etwas energetisch zusammengehört, war es vorher in einem HSS-Hauptspeicher dieser Ebene aufgenommen worden. Solche Hauptspeicher muss es auch für jedes Zellorganell, für jede Zelle, für jedes Organ und auch für den Gesamtorganismus geben. Ob es sich dabei um zusammengeballte Einzel-HSS handelt (HSS-Moleküle) oder um Kompaktinformationen am zentralen Ort, sei dahingestellt. Ein fest vorgegebener Energiefluss verbindet dieses dichte Netz, das bis ins kleinste Elementarteilchen hinabreicht, mit der Hauptzentrale. Die Energie schwingt hin und her, vom höchsten System bis zum niedrigsten und zurück. Hologramme haben die Eigenschaft, alle Bildpunkte flächenhaft abzulegen und gleichzeitig das gesamte Bild in einem Punkt zu speichern. Dadurch wird in der Hauptzentrale alles mit allem verbunden.

Untersucht man nun einen Organismus, erweist sich dieser als ein hierarchisches Netz zahlreicher einzelner Schwingungskörper. So schwingen Herz und Gehirn auf der Organebene, im höheren Bereich, die Nervenimpulse auf der zellularen Ebene. Auf einer unteren hierarchischen Ebene sind es zum Beispiel die Proteine. Sie produzieren sehr hohe Schwingungsfrequenzen. Die höchsten Frequenzen werden von den Wassermolekülen abgestrahlt – und zwar in einer 2,4-GHz-Resonanzfrequenz. Die Synthese organischer Stoffe ist zwar in der DNA kodiert, aber das dynamische Schwingungsverhalten dieser Stoffe ist zusätzliche Information. Dieses Schwingungsverhalten durch Biophotonen im elektromagnetischen Spektrum stellt ein optimales Übertragungsmedium dar. Vergleichbar wäre dies mit einem Computer, wobei die Hardware die molekulare und die Software die elektromagnetische Ebene darstellte. Nach dem russischen Biophotonenforscher Viktor Injuschin bildet das Bioplasma ein Medium, in dem vom Organismus selbst erzeugte oder von außen kommende Infrarot- und Ultraviolett-Biophotonenstrahlung in der Form von angeregten Oszillationen langlebig gespeichert werden. Diese im Organismus wie in einem Hohlraumresonator gespeicherten Wellenzüge besitzen unterschiedlichste Kohärenz bzw. Polarisation und damit ein biologisches Feld, das eine komplexe holografische Wellenstruktur von großer Stabilität bildet.

Die Rolle des Wassers als Kopplungssubstanz des dynamischen Netzes kann nicht hoch genug bewertet werden. Es besitzt offensichtlich ideale Eigenschaften, die es zum Informationsspeicher machen. Zusammen mit den Wassereigenschaften bildet die Zelle ein dynamisches Netz, das chaotisch oder geordnet schwingen kann, je nach Mischung der Frequenzen, Stärke der Verkopplung oder Einfluss eines dominanten Regelmechanismus. Haben die Zellbestandteile bestimmte Positionen eingenommen, um ihre Funktion zu erfüllen, können sie auch in geordneter Weise ihre Schwingungen weiterleiten. Ein festes Schwingungsmuster in Form einer stehenden Welle kann wiederum die Positionen der Moleküle beeinflussen und stabilisieren.

Fassen wir noch einmal zusammen: Das menschliche Gehirn ist unter holografischen Aspekten zu betrachten. Um dem Prinzip des Hologramms zu entsprechen, müssen stehende Wellen aufgebaut sein. Stehende Wellen sind dem Gesetz der Kohärenz zuzuordnen. Kohärenz bedeutet, dass Schwingungen, elektromagnetisch oder akustisch, sich im Gleichtakt bzw. in Resonanz befinden. Dies geschieht im Gehirn. Die Signale, die wir beispielsweise durch ein EEG messen können, zeigen in unterschiedlichen Frequenzbereichen (0,5–40 Hz) grundsätzlich nur die kohärenten, gleichschwingenden Neuronen. Die Höhe der Amplitude zeigt uns die Menge der kohärent schwingenden Neuronen. Man könnte das, elektrotechnisch gesehen, so ausdrücken: Je höher die Amplitude, umso größer die Sendeleistung. Je mehr also einzelne Neuronen synchron miteinander schwingen und somit gemeinsam in Resonanz sind, umso besser ist die Voraussetzung für die holografischen Eigenschaften!

Eine höhere Qualität (Klarheit/Schärfe) und eine abrufbare, verfügbare Kapazität der stehenden Welle werden über eine größere Anzahl beteiligter, kohärent schwingender Neuronen erzielt. Dies geschieht in der Regel immer dann, wenn wir eine große Aufmerksamkeit erreichen, das heißt, auf einen Punkt konzentriert sind.

So haben also unsere Wahrnehmung und unsere Gedanken etwas mit dem Synchronschwingen unserer Neuronen zu tun. Denken wir an oder über etwas Bestimmtes nach, zum Beispiel einen Stein, so wäre dieser Gedanke die Frequenz dieses Steins, die zumindest ein Neuron veranlasst, eine bestimmte Spin-Vorzugsrichtung einzunehmen. Die Aufmerksamkeit, mit der wir über diesen Stein »nachdenken«, wäre in Analogie zu unserem elektrotechnischen Modell der Nachrichtentechnik die Sendeleistung. Je aufmerksamer bzw. emotionaler wir nun über diesen Stein »nachdenken«, umso mehr Neuronen schwingen synchron miteinander – in gleicher Frequenz. Das bedeutet, es besteht eine Zwangsläufigkeit zwischen der Emotion und der an diesem Gedanken beteiligten neuronalen Aktivitäten. Bei diesem Vorgang senden die Neuronen die mit der Information »Stein« versehenen elektromagnetischen Felder aus. Die entsprechende Emotion entscheidet über die Vielzahl dieser elektromagnetischen Felder. Diese Felder sind es, welche nun unter diesen kohärenten Bedingungen eine holografische Struktur bilden.

Man braucht nicht zwingend Emotionen, um die kohärenten elektromagnetischen Felder im Gehirn aufzubauen. Ein gemeinsames Gleichschwingen der intuitiven (unbewussten?) und rationalen (bewussten?) Gehirnhälften entsteht unter anderem in der Meditation. Es gibt auch Techniken wie das 3-D-Sehen, welche diese Synchronisation der Hemisphären bewirken und damit offensichtlich auch Zugang zu den »höheren Ebenen« verschaffen.

Über dieses nun so aufgebaute Hologramm des Gehirns bestehen direkte Interaktionsmöglichkeiten mit dem Umfeld, dem ganzen Universum! Von der Physik wissen wir, dass unter Bedingungen einer stehenden Welle eine Informationsübertragung quasi zeitgleich erfolgt, da innerhalb dieser Welle alles mit allem verbunden ist.

Unsere Erde bildet in ihrer Eigenschaft als Kugel-Hohlraumresonator (7,8 Hz) automatisch eine stehende Welle aus. Diese EM-Felder regen die Erde selbst pausenlos zur Eigenschwingung (Resonanz) an. Bemerkenswerterweise stimmen gewisse Frequenzen wie Schönwetter-Sferics sowohl in ihrer Impulsform wie auch in ihrer Frequenz in frappanter Weise mit dem Alpha-Gehirnwellen-Rhythmus (8–12 Hz) überein! König, Fröhlich, Presman und andere Wissenschaftler gehen davon aus, dass gerade diese elektromagnetischen Felder eine entscheidende Rolle in der Prägung der Evolution gespielt haben. Sind es doch gerade die Frequenzen, die für die Ausbildung der elektrischen Steuerungs- und Regelungsvorgänge bei Lebewesen von großer Bedeutung sind. Eingebettet in ein quasi homogenes Meer von elektromagnetischen Feldern, die zumindest in ihrer natürlichen Form als eine kosmische stehende Welle fungieren, können wir aktiv am Spiel des Universums teilhaben.

Mit unseren Gedanken sind wir in der Lage, in Resonanz mit dem zu gehen, woran wir denken. Von entscheidender Bedeutung dürften dabei unser Bewusstsein und unsere Wahrnehmung sein. Hieraus ergibt sich die Qualität unserer Gedanken. Konkret heißt das, dass aus der Vielzahl der Sinneseindrücke, die ständig auf uns einwirken, ein bewusst selektives Auswählen erfolgen sollte. Erst wenn entsprechende, kohärente Schwellenwerte (größere Anteile an synchron schwingenden Neuronen) erreicht werden, ergeben sich holografische Strukturen die einen prägenden Einfluss (Erkenntnisse, Erleuchtung etc.) bewirken. So besitzt also unser Gehirn die konkrete Möglichkeit, in den materiellen Schöpfungsprozess einzuwirken.

Die Voraussetzungen hierzu sind, aus physikalischer Sicht, dass ein Gedanke mindestens drei Sekunden »gehalten« wird!

Auf diese Weise bewirken die Strukturen der Schwingungsfelder, dass sich Materie in sie hineinordnet! Materielle Strukturen entstehen sowohl im Mikro- wie im Makrobereich aus Schwingungsüberlagerungen. Mikroteilchen sind selbst solche »Knotenphänomene« in einer stehenden Welle, die sich nicht mehr fortpflanzen, sondern sich lokalisieren, weil sich an dem betreffenden Ort die Feldkräfte die Waage halten. Damit wachsen sie in dieses Feld hinein!

Moleküle der Gefühle

Nichts hat die Öffentlichkeit in den vergangenen Jahren derart intensiv bewegt wie die neurochemische Dechiffrierung von Gefühlen. Die Entdeckung von Neurotransmittern, das Wirken von Endorphinen, solche Inhalte wurden populärwissenschaftlich vielfach aufbereitet, weil das Interesse ungewöhnlich groß ist. Mancher, der sich diesen Darstellungen der menschlichen Emotionen widmete, meinte, in ein göttliches Labor zu schauen. Nahezu alles ließ sich dort simulieren: Liebe und Hass, Freude und Eifersucht. Und einmal mehr entstand die Frage: Sind wir abhängig von hirnphysiologischen Vorgängen und damit Objekte unserer Gefühle? Ist Liebe eine chemisch erzeugte Illusion oder Schicksal? Sind wir Produkte von chemischen Molekülen? Oder bleibt die Hoheit des Individuums erhalten?

Zunächst einmal muss man festhalten, dass die Hirnchemie eine vergleichsweise junge Disziplin der Humanwissenschaften ist. In den 60er-Jahren des vergangenen Jahrhunderts konzentrierte man sich in der gerade entstehenden Sparte der Neuropharmakologie auf die Neurotransmitter. Sie werden von den Nervenenden freigesetzt, dringen in den synaptischen Spalt und lösen einen elektrischen Impuls aus. Dieses Geschehen spielt sich in einem festen Neuron-zu-Neuron-Schaltschema ab, das von hin- und herwandernden Nervenimpulsen transportiert wird. Man nahm an, dass alle Gehirnfunktionen, selbst auf den höchsten Ebenen geistiger Tätigkeit, durch die synaptischen Verbindungen zwischen Milliarden von Neuronen bestimmt würden. Danach, so die Mutmaßung, bilden die Synapsen Netzwerke und neuronale Schaltkreise, deren Aktivität jeden Aspekt der Wahrnehmung, Integration und Leistung bestimme.

An der Synapse schienen das elektrische und das chemische Hirnmodell miteinander zu verschmelzen. Es gab keine Diskrepanzen, nur verblüffende Übereinstimmungen. Die neue Disziplin der Neurotransmitter-Kartierung entdeckte neuroanatomische Schaltkreise, die für das Zusammenwirken von chemischen Stoffen und elektrischen Impulsen sprachen. Der schwedische Pharmakologe Arvid Carlsson und seine Kollegen entwickelten eine Methode, mit der sie die Noradrenalin enthaltenden Nervenenden im Gehirn sichtbar machen konnten. Mithilfe des neuen Verfahrens erkannten sie, dass eine Ansammlung bislang unsichtbarer Zellkörper im Rautenhirn ihre noradrenalinhaltigen Nervenenden ins Vorderhirn projiziert. Nun konnte man mit Sicherheit sagen, dass das gesamte Noradrenalin im Vorderhirn aus dieser einen Quelle stammt.

Der Psychologe Larry Stein, der für den Pharmahersteller Wyeth Labs arbeitet und am Bryn Mawr College lehrt, verfeinerte die Modelle. Er fand heraus, dass das Lustzentrum einen Hirnbereich umfasst, der bei elektrischer Stimulation Ratten und Menschen in einen überreizten Zustand der Lust versetzt, ohne dass sie Bedürfnisse nach Nahrung oder Schlaf verspürten. Was die Forscher damals nicht wussten: Die Wirkung der elektrischen Reizung beruhte darauf, dass sie entlang dieser Bahn die Freisetzung von Noradrenalin an den Nervenenden hervorgerufen hatte. Wie nachgewiesen werden konnte, verdanken auch Amphetamine und Kokain ihre Wirkung der Verstärkung dieser »Lustbahn«. Das Wirkprinzip besteht darin, dass sie die Rückspeicherung des Neurotransmitters Noradrenalin blockieren und ihn dadurch zu intensiverem Kontakt mit seinen Rezeptoren veranlassen.

Dies jedenfalls war einige Jahrzehnte lang die akzeptierte Lehrmeinung. Die Neurochemiker verifizierten die Arbeit, die zuvor von den Neuroanatomen geleistet worden war. Wie sich später herausstellen sollte, war dies jedoch ein höchst einseitiges Verfahren, das der Komplexität der Vorgänge noch nicht umfassend gerecht wurde. Daraufhin kristallisierte sich eine neue Theorie des Informationsaustausches heraus. Sie überschritt die Theorie eines fest vernetzten Nervensystems. Stattdessen konzentrierte man sich auf eine rein chemische, nicht synaptische Nachrichtenübertragung zwischen Zellen. Das Labor des amerikanischen National Institute for Mental Health, das auf Neuropeptide spezialisiert war, hatte nicht nur deren Rezeptoren im gesamten Hirn lokalisiert, sondern auch ein neues autoradiografisches Verfahren erfunden. Damit ließ sich feststellen, wo genau die Neuropeptide gebildet wurden. Dank dieser Technik war es möglich, ein sehr viel umfassenderes Bild zu erhalten.

Als David Miles die neu gewonnenen Daten über zahlreiche Neuropeptide und deren Rezeptoren untersuchte, erlebte er eine Überraschung: Diese Ergebnisse stimmten mit den bisherigen Modellen nicht überein. Wenn Peptide und deren Rezeptoren über den Synapsenspalt miteinander kommunizierten, durften sie nur durch winzige Abstände getrennt sein. Doch ihre Anordnung entsprach dieser Erwartung keineswegs. Viele der Rezeptoren befanden sich weit entfernt, viele Zentimeter von den Neuropeptiden getrennt. So blieb zu fragen, wie ihre Verbindung zustande kam. Miles gelangte zu der Überzeugung, dass der größte Teil der Informationen, die im Gehirn zirkulieren, nicht von den synaptischen Verbindungen der Gehirnzellen, sondern von Rezeptoren organisiert wird. Die Voraussetzung sei, dass diese Rezeptoren die Fähigkeit besäßen, sich nur an einen bestimmten Ligandentyp zu binden.

Der Forscher schätzte, dass sich im Gegensatz zur herrschenden Auffassung der Neuropharmakologen und Neurowissenschaftler weniger als zwei Prozent der neuronalen Kommunikation tatsächlich über die Synapsen vollziehe. Diese Idee bedeutete einen so radikalen Bruch mit der Lehrmeinung, dass Miles' Beobachtungen einige Jahre lang ignoriert wurden. Heute ist gesichert, dass das zerebrale Kommunikationssystem in der Tat anders organisiert ist, als lange angenommen. In der Art, wie die Peptide durch den Körper wandern und ihre Zielrezeptoren in weit entfernten Arealen finden, hat das Gehirn große Ähnlichkeit mit dem endokrinen System, dessen Hormone den Körper ebenfalls in jeder Richtung durchqueren können.

Als Folge dieser Entdeckung wurden zahlreiche Alternativen zu den synaptischen Nervenverknüpfungen entwickelt. Allmählich wurde offenbar, was eigentlich durch diese Verbindungen übertragen wurde. So handelt es sich bei den Rezeptoren für Geschlechtshormone, die unerwarteterweise im Gehirn gefunden worden waren, um einen Mechanismus, der für das Geschlecht eines Fötus ausschlaggebend ist. Je nachdem, ob mehr Testosteron oder Östrogen während der Schwangerschaft ausgeschüttet wird, ändern sich die neuronalen Verbindungen im Gehirn des Fötus und modifizieren die geschlechtliche Identität des Kindes. Der international bekannte Psychiater John Money von der John Hopkins University konnte nachweisen, dass sich weibliche Föten unter dem Einfluss von testosteronähnlichen Steroidhormonen – abnormen Produkten der mütterlichen Nebennieren – eher zu wilden Kindern mit jungenhaftem Verhalten entwickeln, die kein Interesse an Puppen zeigen.

Außerdem ließen sich jetzt dank der Erfindung neuer biochemischer Methoden zahlreiche weitere Nervenverbindungen entdecken. Einen nachhaltigen Einfluss auf die Forschung hatten die wegweisenden Arbeiten, die Thomas

Hokfeldt Mitte der 1980er-Jahre durchgeführt hatte. Dabei entdeckte er im autonomen Nervensystem, wie es Cannon beschrieben hatte, fast jedes Neuropeptid, nach dem er dort gesucht hatte. Neuropeptide waren nicht nur in den Ketten von Nervenganglien zu beiden Seiten des Rückgrats zu finden, sondern auch in den Endorganen selbst.

Als die Neurowissenschaftler damit begannen, alle Verbindungen zwischen den Teilen des Körpers exakt zu erfassen, setzte ein Zeitalter der Entdeckungen ein, das bis heute anhält. Tag für Tag gewinnen wir neue Erkenntnisse über peptidhaltige Ansammlungen von neuronalen Zellkörpern im Gehirn, sogenannte »Kerne«, die der Ursprung der meisten vom Gehirn zum Körper und vom Körper zum Gehirn verlaufenden informellen Verbindungen sind. Wenn wir den Gedanken akzeptieren, dass Peptide und andere Botenstoffe das biochemische Substrat des Gefühls sind, dann ist ihre Verteilung im Körper von höchster Bedeutung. Die neuere Forschung lässt darauf schließen, dass dem Bewusstsein eine fast unendliche Zahl von Übertragungswegen zur Verfügung steht, um das Unbewusste und den Körper zu erreichen und zu verändern. Diese Ergebnisse liefern auch eine Erklärung für zahlreiche psychosomatische Phänomene.

Vor allem aber wurde nun darüber nachgedacht, ob man in die neurochemischen Systeme aktiv eingreifen könne. Erstmals wurden therapeutische Konzepte in Erwägung gezogen, die psychische Anormalitäten korrigieren könnten. Das war ein völlig neuer Ansatz. Depression, Antriebsschwäche, Angstzustände und ähnliche seelische Verstimmungen waren zuvor hauptsächlich psychologisch »behandelt« worden, durch Gespräche, Verhaltenstherapien und die psychoanalytische, biografisch ausgerichtete Diagnose. Nun wagte man es, direkt in die komplexen chemischen Abläufe einzuwirken. Zunächst experimentierte man mit Substanzen, mit denen man Motivation erzeugen und Depressionen unterdrücken konnte. Es waren drei chemische Verbindungen, die im Gehirn des Probanden für eine motivierte Haltung sorgten: Dopamin, Noradrenalin und Serotonin. Fehlten diese Hormone, wurde eine Depression ausgelöst.

Skeptiker wandten ein, dass der Mensch und sein Seelenleben unmöglich das Produkt chemischer Stoffe sein könnten. Doch es gab keinen Zweifel: Stimmungen und Gefühle hingen nicht nur von ihnen ab, sondern konnten auch manipuliert werden. Lagen Defizite oder Überangebote bestimmter Neurotransmitter vor, hatten die Forscher nun eine chemische Therapie anzubieten. Allmählich entstand ein genaueres Bild der Vorgänge. Die Synthese von Dopamin und Noradrenalin beginnt mit zwei Aminosäuren: Phenylalanin und Thyrosin. Phenylalanin muss mit der Nahrung aufgenommen werden. Enthält sie nicht genügend dieser Aminosäure, dann kommt es zu einem Motivationsdefizit. Genauso wichtig sind für die Syntheseschritte Vitamin C, Sauerstoff und Eisen, während sich eine starke Kohlenmonoxidbelastung eindeutig negativ auswirkt. Ist die Nahrung mit Schwermetallen belastet, so wandelt sich das Noradrenalin in unwirksames Noradrenochrom um.

Auch das UV-Licht spielt eine Schlüsselrolle: Sonnenbestrahlung stimuliert das Gehirn zur Bildung des aktivierenden, stimmungshebenden Noradrenalins. Südländer sind deshalb temperamentvoller und extrovertierter, Sonnentouristen erleben ein Stimmungshoch. In lichtarmen Regionen dagegen treten Depressionen und erhöhte Selbstmordraten signifikant häufiger auf. Ein weiterer Grund für depressive Zustände in sonnenarmen Zonen ist das Fehlen des »Glückshormons« Serotonin im limbischen System. Es ist deshalb so wichtig, weil aus Serotonin das Hormon Melatonin gebildet wird. Erhält der Organismus zu wenig Licht, wird die Melatoninproduktion auf Kosten des Serotonins hochgefahren. Eine der Nebenwirkungen besteht darin, dass Melatonin zusätzlich die Produktion einer ganzen Reihe weiterer anregender Hormone hemmt.

Ursache für einen Serotoninmangel kann sein, dass sein Ausgangsstoff, das Tryptophan, nur unzureichend mit der Nahrung aufgenommen wird. Fehlt dann noch das B-Vitamin Niacin, kommt es unweigerlich zu Serotonin-Mangelerscheinungen. Bei Frauen sinkt der Serotoninspiegel innerhalb des Zyklus zwischen Eisprung und Menstruation. Gleichzeitig stellt sich der Organismus von einem beruhigenden Parasympathicus-Tonus auf einen erhöhten Sympathicus-Tonus um. Energielosigkeit, Verstimmungen und eventuell Depressionen sind die Folge. Hinzu kommt, dass in den 48 Stunden rund um den Eisprung der stark motivierende Endorphinspiegel steigt, um danach rapide abzufallen. Dieses Gefälle wird als sehr unangenehm empfunden.

Um gegenzusteuern, beantwortet der Körper den Mangel mit Heißhunger auf Schokolade, Zucker und stärkehaltige Nahrung. Zucker im Blut lässt Tryptophan, die Vorstufe von Serotonin, mithilfe von Insulin verstärkt ins Gehirn fließen,

Süßes stimuliert die Endorphinproduktion. Besonders »süchtig« sind die Frauen zwischen 14 und 16 Uhr, denn in dieser Zeit gibt das Gehirn den Stoff Galanin frei, der den Heißhunger zusätzlich anheizt. Erleichterung kann dunkle Schokolade mit hohem Kakaogehalt bringen, denn sie enthält ausreichende Mengen bestimmter Ethanolamine, die psychoaktive Auswirkungen zeigen.

Eine neue Welt tat sich auf, als die Wirkmechanismen derart genau beschreibbar und auch korrigierbar wurden. Immer mehr Stoffe wurden entdeckt, immer mehr Gründe für seelische Verstimmungen. So regulieren depressive Menschen die Substanz Corticotropin-releasing Hormon (CRH) anders als ausgeglichene. Normalerweise überschwemmt das Hormon in Stresssituationen das Gehirn. Es hat die Aufgabe, das Interesse am Essen und an Sex zu blockieren – ein Schutzvorgang, durch den wir uns völlig auf Gefahrensituationen konzentrieren können. Ist die Situation dann wieder unter Kontrolle, sinkt der Spiegel schnell, wobei ein Gefühl der Entspannung und Erleichterung entsteht. Bei depressiven Patienten dagegen erfolgt keine Down-Regulation. Selbst im Schlaf sind die Betroffenen von Unruhe ergriffen. Ein hoher Energieverlust ist die Folge, der sich in weiteren Störungen auswirkt.

Begleitend zu möglichen chemischen Korrekturen der neurophysiologischen Vorgänge suchte man dennoch weiter nach Randbedingungen, die auf der Verhaltensebene eine Heilung unterstützten. Auf der Suche nach Therapien fand man heraus, dass Gemeinschaftsrituale beruhigend wirken, auch Düfte, die angenehme Assoziationen hervorrufen, sowie Musik, die mit positiven biografischen Erlebnissen verknüpft ist und daher stimmungsaufhellend wirkt. Auch Bewegung gehört in den Kontext dieser Therapieansätze. Schon ein ausgiebiger Sonnenspaziergang in der Natur führt nachweislich zur Besserung der Symptome – was sich neurochemisch exakt nachweisen lässt.

Inzwischen hat man sich darangemacht, eine ganze Reihe von Verhaltensauffälligkeiten neu zu definieren und auch zu therapieren. Das betrifft unter anderem das hyperkinetische Syndrom bei Kindern, das unter dem Kürzel ADS – Aufmerksamkeitsdefizitsyndrom – bekannt ist. Kinder mit ADS sind unkonzentriert und launisch, haben einen starken Bewegungsdrang und sind kaum fähig, einem normalen Schulunterricht zu folgen. Ausgelöst wird das Syndrom durch ein Defizit an Noradrenalin. Der Körper hilft sich selbst, indem er so viel Bewegung wie möglich veranlasst und verstärkt Dopamin ausschüttet, eine Vorstufe für Noradrenalin.

Seine Wirkung ist ambivalent. In normaler körpereigener Dosierung begünstigt das Hormon geistige Eingebungen, künstlerische Kreativität und Fantasieleistungen. Dopamin stimuliert außerdem das Immunsystem und stabilisiert das Herz-Kreislauf-System. Wird jedoch zu viel Dopamin produziert, verkehrt sich die Wirkung ins Negative. Angstvisionen treten auf, das Selbstbewusstsein steigert sich bis hin zum Größenwahn. Ein Durchbruch gelang bei der Erforschung des Parkinson-Syndroms – es ist letztlich eine Dopamin-Mangelerkrankung. Permanente geistige Unterforderung wie Fließbandarbeit und abstumpfendes Fernsehen lässt den Dopaminspiegel übrigens absinken. Eine deutliche Steigerung des Wohlbefindens entsteht dagegen durch feinmotorische Tätigkeiten wie Klavier- und Geigespielen, Tanzen und Balancieren. Die japanischen Meditationskugeln und das permanente Verschieben der Perlen auf Gebetsketten dienen dem gleichen Zweck. Im Laufe der Forschung beschäftigte man sich intensiv mit der Wirkung von Meditationstechniken, wie sie vor allem im asiatischen Raum verbreitet sind. Offenbar gab es Traditionen, die lange vor der Entdeckung des Dopamins als intuitives Wissen weitergegeben wurden. Durch Messungen fand man heraus, dass die Dopaminausschüttung durch Yoga und Autosuggestion verstärkt wird.

Besondere Aufmerksamkeit widmeten die Wissenschaftler Patienten, die in Folge eines Drogenmissbrauchs psychisch gestört waren. Eine Reihe von Drogen, so das Ergebnis, greift empfindlich in die Dopaminerzeugung ein. Kokain und Amphetamine beispielsweise verhindern den Rücktransport von ausgeschüttetem Noradrenalin und Dopamin. Es steht dadurch länger zur Verfügung und versetzt den Drogenkonsumenten in eine euphorische Stimmung voller geistiger Energie, macht aber süchtig. LSD, Meskalin und halluzinogene Pilze mobilisieren ebenfalls Noradrenalin und Dopamin. Deren erhöhte Konzentration im Hirn erzeugt Visionen und intensive Wahrnehmungen; Gefühle intensivieren sich.

Angesichts der globalen Tendenz zum Drogenmissbrauch und zur medikamentösen Selbsttherapie haben diese Erkenntnisse höchste Relevanz. Synthetisches Valium beispielsweise ist weltweit die am häufigsten verbreitete Droge. Kaum bekannt ist, dass wir im Gehirn selbst Valium produzieren. Rezeptoren dafür finden sich im Stammhirn, in der Klein- und Großhirnrinde sowie im Stirnhirn. Schlafmittel und Alkohol erreichen ebenfalls diese Rezeptoren. Die Wirkung besteht in einem starken Beruhigungseffekt. Das körpereigene Valium – wie auch das von außen zugeführte – wirkt antidepressiv, antiaggressiv und angstlösend. Schon eine geringe Blockierung der Rezeptoren, zum Beispiel durch Glukose- oder Sauerstoffmangel, erzeugt Angst und quälende innere Unruhe, die sich zur Panik ausweiten kann.

Die Therapieansätze waren wiederum chemischer wie auch verhaltenstherapeutischer Natur. Endovalium lässt sich leicht stimulieren, durch Entspannungsübungen, Tagtraumtechniken und Atemübungen. Zu den körpereigenen Drogen, die uns das Leben vor allem dann angenehm gestalten, wenn wir mit großen Anforderungen zu kämpfen haben, gehören die Opioide. Sie werden bei körperlichen Anstrengungen ausgeschüttet. Sind Gehirn und Körper jedoch unterfordert, kann man kaum Opioide im Blut nachweisen. Man könnte sagen, dass ein passiver Mensch viel versäumt, da er durch seine mangelnde Aktivität nicht in den Genuss des glücklich machenden Stoffes kommt. Er wirkt antidepressiv, vertreibt Melancholie, löst Angstzustände und psychische Spannungen. Außerdem steigert er den Antrieb, reduziert Schmerzen und unterstützt das Immunsystem. Opioide sind eine höchst flüchtige Substanz, sie haben eine Halbwertszeit von nur fünf Minuten nach der Ausschüttung. Danach muss eine neue Gelegenheit zur Stimulation gefunden werden.

Die bekanntesten Opioide sind Endorphine, Enkephaline und Dynorphine. Drogenabhängige und Alkoholiker weisen häufig einen Mangel an Endorphinen auf, den sie mit ihrer Sucht unbewusst auszugleichen versuchen. Auch Schmerzen stimulieren die Produktion von Endorphinen, die wiederum den Schmerz rasch betäuben. Bei schweren Verletzungen reicht bereits der psychische Schock, um schmerzfrei zu sein. Zweifellos handelt es sich hier um ein evolutionäres Erbe aus Zeiten, als der Überlebenskampf des Menschen weit gefährlicher war als heute. Der Schock nach erlittenen Verletzungen und die begleitenden Endorphine halfen, fluchtbereit zu bleiben.

Und noch eine weitere, höchst interessante Eigenschaft ist den Endorphinen zuzuschreiben: Sie verhindern nachhaltige Lernprozesse. Das ist durchaus sinnvoll, weil schmerzhafte und mühsame Tätigkeiten sonst vom Körper instinktiv vermieden würden – vor allem das Gebären. Wenn sich eine Frau an die Schmerzen während des Geburtsvorgangs minutiös erinnern könnte, würde eine weitere Geburt katastrophal verlaufen – der Körper würde sich verkrampfen und psychische Abwehrmechanismen etablieren.

Wie können wir die Ausschüttung von Opioiden positiv beeinflussen? Wir brauchen dafür zunächst einige Ausgangssubstanzen wie die Aminosäuren Phenylalanin, Thyrosin, Glycin, Methionin und Leucin, die mit ausgewogener Nahrung aufgenommen werden. Dazu sollten wir Techniken wie Autogenes Training, Yoga und Meditation erlernen. Aber auch Joggen, Tanzen und Extremsport zeigen nachweislich Wirkung. Vermeiden sollte man dagegen zu viel Kochsalz, Kaffee und Fett, weil diese Nahrungsmittel Opioide abbauen. Im Grunde ist es höchst verblüffend, wie einfach man sich Ausgeglichenheit und Wohlbefinden verschaffen kann; die Neurochemie hat hier Pionierarbeit geleistet.

Auch bei der Erforschung des Biorhythmus gab die Neurochemie neue Impulse. Opioide gehen eine Kooperation mit einer Substanz ein, die man als Delta-Sleep-Inducing-Peptid bezeichnet, kurz DSIP. Eigentlich ist dieses Peptid dafür da, die Produktion des wichtigen Hormons Melatonin zu modulieren. Je nach Zeitpunkt innerhalb eines Tages kann es die Hormonproduktion hemmen oder vergrößern. Abends gebildet oder auch durch Reizung des Thalamus mit niederfrequenten Stromimpulsen, leitet es zusammen mit Melatonin und Vasotocin den Schlaf ein. Sind gleichzeitig Opioide in der Gehirnregion vorhanden, verbindet sich DSIP mit ihnen und erzeugt ein Gefühl des Friedens und der wohltuenden Ruhe, eventuell vorhandene Schmerzen reduzieren sich. Erst diese Atmosphäre ist geeignet, den Körper für einen tiefen, erholsamen Schlaf vorzubereiten. Kinder stimulieren instinktiv die Opioid- und DSIP-Produktion vor dem Einschlafen, indem sie sich in ihre Fantasiewelt gleiten lassen.

Wenn positive Gefühle so viel Gutes in unserem Körper bewirken, dann erhebt sich die Frage, warum wir auch mit negativen Gefühlen ausgestattet sind. Die Antwort ist höchst plausibel. Das System Mensch wird durch Gefühle nicht nur zur Reproduktion motiviert; das Hauptziel ist es, Erfahrungen zu sammeln. Die Verwertung dieser Erlebnisse variiert angeborene Strukturen über Feedbacks. Auf diese Weise steht dem Menschen ein Instrument zur Verfügung, mit dem er sich optimal seinen Lebensbedingungen anpassen kann und nicht nur auf genetische Prägungen angewiesen ist.

Die Bewertung von Erlebnissen ist jedoch nur möglich, wenn es eine Skala von Höhen und Tiefen gibt: Ein Hochgefühl kann man nur empfinden, wenn man auch Verstimmungen und Depressionen erlebt hat. Erst durch Kälte weiß man, was Wärme ist, erst durch Dunkelheit, was Licht bedeutet. Das ist das Prinzip des Differenzerlebens. Man muss vergleichen und messen können, um ein Erlebnis zu bewerten – und das vorzunehmen, was wir Realitätsbildung nennen.

Eine gewisse Gefahr liegt jedoch in der Dauerbeobachtung. Erinnern wir uns: Die Dauerbeobachtung friert den Istzustand ein, das Erleben und damit eine Fortentwicklung werden blockiert. Jedem, der einmal mit einem Hypochonder zu tun hatte, wird das sofort einleuchten. Nur eine dauernde Änderung des Zustands lässt weiteres Erleben zu. Paradox genug: Die bewusst wahrgenommene Erfahrung von Differenz führt zu einer größeren Freiheit und Zufriedenheit. Nicht Gleichklang, Gleichheit, Gewohntes sind für Lernprozesse verantwortlich, sondern Kontrast, Vielschichtigkeit, Polarität. Letztlich kommen auch hier die Gesetze der Quantenwelt ins Spiel.

5. Der Mensch als Mitschöpfer

Viele Quantenphysiker und Philosophen kreisten in den vergangenen 100 Jahren um das faustische Verlangen, zu erfahren, was die Welt im Innersten zusammenhält. Welche Stellung hat der Mensch im Universum? Wie konstituiert sich seine Wirklichkeit? Auf welche Weise ist er mit dem großen Ganzen verbunden? In diesem Kapitel möchte ich Ihnen einige Denkansätze vorstellen, die eine Ergänzung zu den wichtigsten Thesen dieses Buches sind. Betrachten Sie die nun folgenden Theorien als Anstoß, das Gelesene zu reflektieren und eigene Schlüsse zu ziehen. Jeder Mensch hat individuelle Lebensentwürfe und Prioritäten, die es zu respektieren gilt. Daher verstehe ich die Modelle als Angebote an Sie, Gedanken dieses Buches zu resümieren und zu vertiefen.

Das Weltbild William Tillers

1997 veröffentlichte der amerikanische Physiker William Tiller das Werk »Science and Human Transformation – Subtile Energies, Intentionality and Consciousness«, deutsch: »Wissenschaft und Transformation des Menschen – Subtile

Energien, Absicht und Bewusstsein«. Darin schildert Tiller Gott als ein in der Schöpfung pulsierendes Bewusstsein, das reine Gedankenenergie erzeugt. Diese Energie sendet laut Tiller Licht- und Tonfrequenzen aus und bildet in vollkommen harmonischen Raumgittern eine Matrix. Sie steuert das Wachstum und die Gestalt aller Lebensformen ebenso wie die Bewegung der Sterne. Diese unsichtbare Matrix formt alles Sichtbare in einem kontinuierlichen harmonischen Fluss. Ein Informationsaustausch findet statt, der in alle Richtungen verläuft.

Tiller stellte außerdem fest, dass die physische Existenz letztlich eine Manifestation höherer Dimensionen ist, für die unser Körper einige Empfangssensorien besitzt: Gehirn, Herz, Meridiane, Chakren. Jedes Individuum, so der Physiker, strahlt und absorbiert als biophotonische »Lichtmaschine« Energie über Antennensysteme. Die Außenwelt bezeichnet er deshalb als eine »Lern- und Übungsmaschine« zur inneren Entwicklung, den Körper als ein zu schulendes Gefäß für den Geist. Alle Veränderungen beginnen von innen und setzen sich nach außen fort, meint der Wissenschaftler, und zitiert damit eine der großen Lehren des Yoga: wie innen, so außen. Dieses kommunikationstheoretische Modell erweitert Tiller in die höheren Dimensionen und kennzeichnet die verschiedenen Bewusstseinszustände durch ihre »Bandbreiten« und »Kanalkapazitäten«. Das volle Potenzial der menschlichen Existenz sei also nur auszuschöpfen, wenn wir angeschlossen bleiben an die Urbilder unseres Seins, wie sie in höheren Dimensionen gespeichert sind. Dies jedenfalls wäre der Idealzustand.

Unser Alltagsbewusstsein wird allerdings durch einige Barrieren gehemmt, zu denen vor allem Ängste und Unwertgefühle zählen. Diese Barrieren müssen reflektiert und aufgelöst werden, mahnt Tiller, weil wir sonst am eigenen Widerstand scheitern und uns nicht an das große Ganze anschließen können. Elementar bei Tiller ist der Begriff der »subtilen Energien«. Er beschreibt sie als korrespondierende Felder: »Nach unseren bisherigen Erfahrungen sind subtile Felder sehr schwach an unsere physikalischen Felder gekoppelt, sodass wir normalerweise nur kleine Wirkungen wahrnehmen. Sie können aber unter günstigen Umständen starke Wechselwirkungen eingehen und massive Effekte ermöglichen.« Er geht davon aus, dass zukünftige Technologien Nutzungsmöglichkeiten subtiler Felder schaffen und dass sie für den Menschen einen enormen Zuwachs an geistiger Energie bedeuten werden.

Subtile Energien können Tillers Einschätzung nach nicht unmittelbar beobachtet werden, weil sie auf dem Niveau des Vakuums wirkten – wobei sie weit stärker seien als alle bekannten physikalischen Felder. Er ist sich bewusst, dass solch exorbitante Energiemengen nicht ohne Weiteres vom menschlichen Organismus verkraftet und aufgenommen werden können. Daher entwirft er gedanklich einen vermittelnden »Transducer«, durch den die übermächtigen Energiepotenziale in empirisch wahrnehmbare Größen umgewandelt werden. Er denkt diesen ›Transducer‹ nicht als eine Maschine, sondern als lebendiges System. Dennoch kann man sich die Wirkungsweise wie einen biomorphen Transformator vorstellen, ähnlich jenen Transformatoren, die Strom umwandeln und portionieren. Es sind unter anderem magnetische Felder, die bei Tiller als Brücke zwischen den subtilen, nicht beobachtbaren Energien und den bekannten elektromagnetischen Energien fungieren.

Wie aber können solche Energien wirksam werden? Physiker stellen sich das Vakuum des Raumes als eine Art Suprаflüssigkeit vor, die durch eine geometrische Gitterstruktur in dynamischer Stabilität gehalten wird. So berichtet beispielsweise der Wissenschaftler Erol Torun von experimentellen Beobachtungen an Quasikristallen, die darauf schließen lassen, dass das Vakuum eben nicht das »Nichts« ist, sondern geometrisch gegliedert in Ikosaedern. In diesem Modell stellen dreidimensionale Raumformen wie das Ikosaeder und das Tetraeder Projektionen ursprünglicher Formen im höheren Raum dar. Dies würde bedeuten, dass harmonische mathematische Beziehungen existieren, welche die Geometrien des komplexen Raumes und des dreidimensionalen Raumes verbinden. Das von Tiller entworfene Gittermodell stellt eine multidimensionale Feldstruktur dar. Die Grundlage dieser Organisationsform sind Lichtmuster, welche die verschiedenen geometrischen Gitterlinien des Raumes bilden. Sie legen die Muster fest, die für die Entfaltung des Lebens, der Galaxien und der Sterne benötigt werden.

Die Gitter-Raster-Struktur – das vereint Tiller mit den quantenphysikalischen Erkenntnissen über Elektronen und den Hyperraum – existiert außerhalb der Raumzeit. Für sie gelten keine newtonschen Gesetze wie das der Kausalität. Statt linearer Abläufe skizziert Tiller mehrdimensionale Knotenpunkte, an denen Energien und Information zirkulieren.

Die Voraussetzungen, um auf diese Kommunikationskanäle zugreifen zu können, liegen vor allem in der Sensibilität des Menschen für das übergeordnete System als Ganzes. Die Wellen, die durch die Gitterstruktur führen, sind Informationswellen, die in Verbindung zum höchsten Aspekt unseres Bewusstseins stehen. Im Grund verbindet das Gitter die gesamte Wirklichkeit, die gesamte Seinsform.

Aus Tillers Sicht bewirken Gedanken und Absichten, dass an den Knotenpunkten der universellen Gitterstruktur »Potenziale« gespeichert werden. Sie bilden sich dann, wenn der »Geist oder das göttliche Selbst« mit den Frequenzmustern in Interaktion tritt, damit aus ihnen reale Ereignisse unseres Lebens werden. Der primäre Strahl zur Projektion entspringt dem »Geist«. Tillers Ansicht nach funktioniert dieser Primärstrahl ähnlich dem Projektionsstrahl eines Hologramms. Er tritt in Wechselwirkung mit den Frequenzmustern des Körpers, die durch geistige Energien auf ihn projiziert wurden. Eine Veränderung der Muster und Potenziale an den Knotenpunkten verändert entsprechend die Ereignisse, die in unsere Realität projiziert werden. Jedes Ereignis, so kann man folgern, ist eine holografische Projektion, die einer hyperräumlichen Wirklichkeit entspringt.

Der Prozess ist doppelter Natur. Gedanken und Absichten bilden die Muster, der Geist aktualisiert sie und erweckt sie gewissermaßen zum Leben. Noch wichtiger aber ist: Die Muster und Potenziale an den Knotenpunkten lassen sich durch geistige Prozesse programmieren und ändern. Es sind daher unsere Gedanken und Absichten, die die Realität erzeugen und sowohl Muster als auch Potenziale innerhalb des universellen Kalibriergitters (UCL) verändern. Das UCL dient zur Verstärkung und Projektion dieser Muster und erzeugt eine Resonanz mit dem äußeren Universum. Tiller beschreibt eine zehndimensionale Gitterstruktur, durch die das Energiegitter des Geistes mit der physischen Wirklichkeit verbunden wird. Bestimmte Knotenpunkte, welche die diversen Ebenen der vielschichtigen Gitterstruktur miteinander teilen, dienen als Anschlusspunkte. Man kann sie als Kanäle des geringsten Widerstands betrachten, die einen direkten Anschluss und eine direkte Energiezirkulation mit anderen Dimensionen herstellen.

Tiller diskutiert in seiner Theorie sogar die Möglichkeit von »Intention Imprinted Electronic Devices«, durch »Absicht geprägte elektronische Systeme«. In solchen Systemen seien die unbewussten Fähigkeiten des Nutzers mit den Eigenschaften eines Gerätes korreliert. Seine Vision grenzt ein wenig an Science-Fiction, aber nach meinen eigenen Erfahrungen mit elektromagnetischen Feldern halte ich sie für durchaus realistisch. Tiller ist überzeugt, dass speziell ausgebildete Menschen mittels subtiler Energie neuartige elektronische Geräte erfinden werden, mit deren Hilfe man unbewusste geistige Strukturen sichtbar machen kann. Auf dem Subquanten-Niveau gewinnen Elektronen im Vakuumfeld eine zusätzliche ätherische Dimension. Sie erschließen dem absichtsvoll handelnden Nutzer einen informatorischen Übergang in das multidimensionale Universum. Logik und nicht lineare Intuition werden in diesem Kontext gemeinsam möglich sein – als sich gegenseitig verstärkende mentale Energien.

Tillers Theoreme korrespondieren einmal mehr mit der Quantenphysik, wenn er das Bewusstsein zum einen an die biologischen Strukturen koppelt und mentale Beeinflussungen körperlicher Vorgänge für möglich hält. Und wenn er zum anderen diesen Ansatz mit dem Hinweis auf eine »höhere« Bioinformatik ergänzt: »als Ausrichtung der jeweils neu entstehenden Zellen durch liebevolle Intention«. Er bringt also eine emotionale Komponente in das Geschehen, was kein Widerspruch zu der Tatsache ist, dass er detailliert über Homöopathie, Radiästhesie und Radionik nachdenkt. Er ist sicher: Die noch zu erfindenden Geräte werden in einer zukünftigen Energie-Medizin zu »Gebets- oder Trainingsinstrumenten« werden. Dann könnten sie Menschen helfen, ihre kulturell bedingten und psychischen Konditionierungen zu überwinden.

Selbstverständlich sind Tillers Überlegungen weitaus komplexer, als sich hier in Kürze vermitteln lässt. Sie beruhen auf einem transzendenten Menschenbild und versuchen, die existenzielle Frage nach dem Sinn des Daseins zu beantworten. Für Tiller existiert dieser Sinn durchaus: Es sei die Bestimmung des Menschen, sich durch kosmische Steuerung auf eine höhere Stufe der Entwicklung zu begeben. Dieser Prozess habe bereits begonnen und sei sichtbar daran, dass komplexe Systeme immer kohärenter werden. Eine entscheidende Rolle spielen hier das Bewusstsein und seine Erweiterung: Offenbar verwirklicht der Mensch mit dem fortschreitenden Bewusstsein für seine kosmische Existenz eine Welt höchster spiritueller Werte. Tiller verknüpft an dieser Stelle Naturwissenschaft und Philosophie und entwirft einen neuen

Menschentypus, der nicht länger in der platonschen Höhle gefangen bleibt: Ihm steht der gesamte Kosmos zur Selbstverwirklichung offen.

Das Modell von Karl Popper und John Eccles

Der Philosoph Karl Popper und der Neurophysiologe John Eccles stellen in ihrem gemeinsamen Buch »Das Ich und sein Gehirn« die These einer dreigeteilten Welt auf. Sie bezieht sich auf die Philosophie Platons, auf seine Ideenlehre. Platon nimmt an, dass unsere empirisch erfahrbare Welt nur ein Abbild der unveränderlichen Urbilder sei, die er Ideen nennt. Poppers »Welt 1« entspricht daher Platons Sphäre der sinnlich wahrnehmbaren Erscheinungen. »Welt 2« hat als der Bereich psychischer Zustände keine unmittelbare Entsprechung in Platons Gedankengebäude, kommt aber Platons Vorstellung von Seelen als vermittelnder Instanz recht nahe. Die »Welt 3« deckt sich mit Platons Ideenwelt in vielen Aspekten. Popper charakterisiert sie als »die Welt der Inhalte des Denkens«. Doch anders als Platons Ideen sind die Elemente in Poppers »Welt 3« Menschenwerk. Der Philosoph schreibt den Denkinhalten eine Eigenständigkeit zu, die an die Autonomie der platonischen Ideen erinnert. Gegen Platons Ideentheorie grenzt er sich unter anderem dadurch ab, dass er auch falsche Theorien als Elemente seiner »Welt 3« akzeptiert; es geht also nicht um das »Wahre«, sondern um das, was existiert.

Erkenntnistheoretisch sind Poppers Überlegungen ein interessanter Gegenentwurf zum naturwissenschaftlichen Materialismus, ohne jedoch einen Gott oder eine andere höhere Instanz anzunehmen. Im Besonderen will der Philosoph die Frage beantworten, wie geistige Prozesse systemtheoretisch fassbar sind. Daher setzt er sich ausführlich mit den Erkenntnisleistungen des Geistes in seiner »Welt 3« auseinander. Popper beschreibt Erkenntnisprozesse anders als Platon nicht als erleuchtungsähnliche, plötzliche Ereignisse, sondern als aktive geistige Tätigkeiten. Poppers »Welt 3« ist also Menschenwerk, und sie kann vom Menschen grundsätzlich erkannt werden, während Platon mutmaßt, dass der Mensch nur sehr begrenzt den übergeordneten Bauplan der Ideen verstehen könne – es sei denn, die Erleuchtung komme spontan über ihn, ohne zielgerichtete Reflexion.

Denkbaren Wechselwirkungen zwischen der geistigen »Welt 3« und der physischen »Welt 1« widmet Popper ein eigenes Kapitel. Die verbindende Instanz zwischen diesen Welten ist »Welt 2«, die Sphäre psychischer Zustände und des Bewusstseins. Aufschlussreich ist die Art und Weise, wie Popper dem naturwissenschaftlichen Weltbild seine Systemtheorie entgegensetzt. Während Physiker die »Welt 1« für ein geschlossenes System halten, in dem streng die Gesetze der Kausalität gelten, postuliert Popper eine kausale Offenheit von »Welt 1«: Das sei eine Voraussetzung für die menschliche Freiheit. Insofern bezieht sich Popper auf die berühmte Diskussion über Willensfreiheit und Kausalität, wie sie Platon führt, wenn er Sokrates' Überlegungen in der Todeszelle nachzeichnet: Was ist die Ursache der menschlichen Handlungen? Was steuert sie? Wie viel Einfluss hat der Mensch auf sein eigenes Schicksal, wie viel Autonomie ist ihm zugedacht?

Poppers »menschliche Freiheit« kommt Sokrates' »wahrer Ursache« nahe. Er entwickelt damit einen modernen Kausalitätsbegriff, der die Determiniertheit zugunsten der Willensfreiheit zurückweist. So wie Sokrates eine rein materialistische Erklärung seiner Handlungen verwirft, glaubt Popper, dass ein »radikaler Physikalismus« – die kausale Abgeschlossenheit von »Welt 1« – nicht vorliegt. Seine Beweisführung stützt sich dabei auf die Quantenphysik. Er kommt zu dem Schluss, dass die Welt der sichtbaren Dinge von den geistigen Ideen der immateriellen »Welt 3« beeinflusst wird. Da die seelischen Vorgänge aus »Welt 2« wie ein Scharnier gedacht sind, liegt nahe, dass er sich mit den Funktionsweisen der Seele und damit auch mit dem Hirn intensiver auseinandersetzen muss.

Hier nun kommt Poppers Koautor Eccles ins Spiel. Er geht davon aus, dass die menschlichen Hirnaktivitäten quantenphysikalisch beeinflusst sind, ohne dass dies gegen die Kausalabhängigkeiten der beobachtbaren physikalischen Realität spricht. Der Neurophysiologe Eccles stimmt der Analyse Poppers weitgehend zu und übernimmt ausdrücklich dessen Begriffe zur Beschreibung einer dualistischen Theorie. Eccles beschränkt sich aber nicht auf die philosophische Betrachtung. Als Naturwissenschaftler unterbreitet er experimentell überprüfbare Hypothesen zu zwei Kernproblemen menschlicher Erkenntnisfähigkeit und Handlungsfreiheit. Zum einen unterstellt er, dass räumlich über das gesamte Gehirn verteilte Quantenzustände – Aktivitätsmuster von Neuronen – mit bestimmten Bewusstseinsinhalten korrelieren. Seine Conclusio: Der selbstbewusste Geist, die »Seele« in Platons Sprache, interpretiert neuronale Zustände menschlicher Gehirne und integriert daraus Erfahrungen.

Aus der Tatsache, dass der selbstbewusste Geist der »Welt 2« angehört, erklärt sich auch das Phänomen, dass die integrierende Wirkung, die bewusste Wahrnehmung erzeugt, nicht mit rationaler Logik allein erfasst werden kann, sondern holistisch gedeutet werden muss. Zudem macht Eccles einen konkreten Vorschlag, in welchen Gehirnstrukturen Quantenereignisse menschliche Gedanken und Empfindungen beeinflussen. Wir erinnern uns: An den Schnittstellen zwischen den Nervenzellen, den sogenannten Synapsen, werden elektrische Reize mithilfe chemischer Botenstoffe übertragen. Die Wahrscheinlichkeit einer Übertragung dieser chemischen Stoffe wird unter anderem durch den Zustand der synaptischen Strukturen beeinflusst. Sie sind nun klein genug, um offen für eine gezielte Beeinflussung durch Quantenereignisse zu sein, sodass eine spezifische Reizübertragung zwischen Nervenzellen auftritt. Eccles geht also davon aus, dass Quantenereignisse im Gehirn menschliche Handlungen steuern.

Zusammenfassend kann man sagen: In dem Drei-Welten-Modell von Popper und Eccles wird der klassische Körper-Geist-Dualismus erweitert um die Ebene der Information. Alle drei Ebenen befinden sich in einem intensiven Austausch, sie interagieren. Im Rekurs auf Platon haben die Gegenstände der »Welt 3« als Konvolut aller menschlichen Geistes- und Kulturleistungen Ewigkeitswert. Sie sind unsterblich und nicht an Materie gebunden. Eine besondere Rolle gestehen die beiden Autoren dem subjektiven Wissen zu, das zwischen der materiellen und der geistigen Welt vermittelnd auftritt – durch Fühlen, Träumen und Wahrnehmen. Bahnbrechend ist die Rückkopplung dieser Gedanken an die quantenphysikalischen Gesetze.

Die Entdeckungen Roger D. Nelsons

Der Wissenschaftler Roger D. Nelson von der Princeton University ist Direktor des »Global Consciousness Project«, in dem das menschliche Bewusstsein erforscht wird. Seine Erkenntnisse gehen weit über psychologische Theorien hinaus und stellen empirische Beobachtungen in einen philosophischen Zusammenhang. Zufällig beobachtete Nelson eine computerstatistisch erkennbare Abweichung vom menschlichen Normalverhalten, als die Nachricht vom Tod des israelischen Präsidenten Yitzhak Rabin gemeldet wurde. Die Amplitude des gemessenen Rauschens reduzierte sich, was für eine zusätzliche Ordnung im System sprach. Dies löste ein Forschungsprojekt aus, für das weltweit etwa 75 Messstationen installiert wurden, über die bis heute das computerisierte Verhalten von Rauschdioden fortlaufend beobachtet wird. Die Daten laufen in Princeton zusammen und werden im Hinblick auf eventuelle Korrelationen mit weltbewegenden emotionalen Ereignissen ausgewertet.

Ein besonders spektakulärer Effekt zeigte sich zum Zeitpunkt der Terroranschläge vom 11. September 2001. Abweichungen setzten bereits einige Stunden vor den tatsächlichen Ereignissen ein. Sie erreichten ein synchrones Maximum und klangen nach mehreren Stunden wieder ab. Phänomene dieser Art kennzeichnen hochsynchronisierte harmonische Zustände im Gehirn, die sonst vorwiegend während der Meditation auftreten. Außerdem wurden enge Korrelationen der Gehirnwellen einander nahestehender Personen dokumentiert. Über die Konsequenzen ist man sich noch nicht einig. Lassen sich parapsychologische und telekinetische Fähigkeiten damit erklären? Es ist jedoch nicht von der Hand zu weisen, dass für solche kollektiven Prozesse eigene Informationsbahnen existieren müssen, die nicht an Raum und Zeit gebunden sind. Wie anders wäre zu erklären, dass Abweichungen bereits antizipierend festgestellt werden konnten, also schon vor einem dramatischen Ereignis?

Es wäre nicht verfehlt, diese Auffälligkeiten mit Heims Ideen zum Hyperraum oder auch mit dem Drei-Welten-Modell von Popper und Eccles in Verbindung zu bringen. Offenbar stehen wir an der Schwelle zu einem grundsätzlicheren Verständnis von Geist, Materie und Information. Eines jedoch scheint sicher: Alle neueren Theorien bestätigen, dass der einzelne Mensch intensiv mit dem großen Ganzen vernetzt ist. Er nimmt sympathetisch wahr, was im Universum vor sich geht, er bezieht Informationen, die nicht auf eigenen Erfahrungen basieren. Ein gigantischer Informations- und Erfahrungsspeicher scheint uns zu umgeben, zu dem wir über ein geschultes Bewusstsein Zugang finden können.

6. Das Wunder ist beweisbar

Herz und Gehirn im Zustand der Liebe – Harmonie durch Kohärenz

In der Geschichte der Menschheit war die Liebe immer ein Thema von größter Priorität. Dichter haben sie besungen, Philosophen haben sie ergründet, Theologen haben die religiösen Implikationen der Liebe untersucht. Auch die Naturwissenschaften widmeten sich der Liebe. Sie fragten: Existieren objektivierbare Aspekte für das, was wir Liebe nennen? Oder ist die Liebe ein Gefühl, das sich der rationalen Analyse entzieht? Könnte es sein, dass Liebe einen dualistischen Aspekt hat, der dem Welle-Teilchen-Dualismus entspricht?

Im Zustand der Hingabe löst sich das persönliche Selbst auf, um sich im Gefüge des Seins als Ganzes zu integrieren. Absolute Hingabe erfahren wir im Zustand der Liebe. In diesen Momenten hören wir scheinbar auf zu existieren, sind offenbar außerhalb des Zeitgefüges. Wir befinden uns im Fluss des kosmischen Seins, ohne an egoistische Interessen gebunden zu sein. Wird unser Handeln von Liebe bestimmt, agieren wir nach harmonischen, weichen Fließgesetzen. Gefühle der Ekstase tragen die inneren Bilder unserer Wahrnehmung. Unser Ego stellt sich diskret in den Dienst des erfahrenen Glücks. Liebesenergie ist die eigentliche vereinheitlichende, anziehende Kraft des Universums. Rückübersetzt auf die subatomare Ebene, kann man behaupten, dass die Liebe der Kohäsionskraft zwischen den Elementarteilchen gleicht. Liebe ist die Intelligenz, welche die Elektronen in eine bestimmte Form führt.

Das Prinzip Liebe beginnt bei der biologischen Evolution, die Lichtenergie in den Innenräumen der Elektronen zu bündeln. Im Vergleich zu Pflanzen und Tieren ist beim Menschen der Bündelungsgrad der inneren Lichtenergie von Elektronen wesentlich höher. Im menschlichen Körper wird viel Lichtenergie in tiefer liegenden Atomorbitalen gespeichert. Die Energieportionen solcher Elektronenübergänge reichen vom Spektrum der ultravioletten Strahlen bis hin zur Gammastrahlung.

Viele Theoretiker sind davon überzeugt, dass die Denkprozesse des Menschen solch hohen Lichtfrequenzen entsprechen. Bei geistigen Transformationen durch Meditation werden die Lichtenergien im Inneren der Elektronen noch stärker gebündelt, bis auch die Teilchen im Atomkern davon erfasst werden. Gleichzeitig beginnt die Antilichtenergie im Inneren der Positronen, sich immer stärker zu bündeln. Die möglichen Energieübergänge im Atomkern entsprechen bereits außerordentlich hohen Frequenzen. Bei weiterer Bündelung werden sogar die Protonen und Neutronen in ihre Bestandteile, die Quarks, zerlegt. Auch die Quarks, die aus gekoppelten Elektronen und Positronen aufgebaut sind, werden bei weiterer Bündelung aufgelöst. Die Materie befindet sich damit mehr und mehr in angeregten Energiezuständen.

Der Bündelungsprozess der Lichtwolken in den inneren Raumzeiten der Elektronen kann schließlich so weit gehen, dass die gesamte innere Lichtenergie des Elektrons sowie die gesamte Antilichtenergie des Positrons auf ein einziges Superphoton und ein einziges Superantiphoton zusammengezogen wird. Wenn dies geschieht, schwingt das Licht im Inneren der elektronischen Raumzeit mit der höchstmöglichen Frequenz.

Wie aber kommen Herz und Gehirn zusammen? Über eine Phasenwaage kann man beobachten, was passiert, wenn Gehirnströme und Herzfrequenzen korrelieren. Spezifische Ausschläge lassen Rückschlüsse darüber zu, wann ein Mensch Freude empfindet. Reine, ehrliche und unschuldige Freude ist im Grunde genommen ein Parameter der Liebe. Wahre Freude ist die Unschuld, sich in Harmonie einem höheren Selbst zu finden und sich darin auflösen zu können. Wenn wir uns dem Naturschauspiel des Sonnenaufgangs hingeben und uns von Herzen daran erfreuen, dann stellt auch dies einen Liebesaspekt ganz direkter Art dar. Leider sind solche Erlebnisse in der westlichen Industriegesellschaft selten geworden. Der Sieg der Rationalität und die Ohnmachtserfahrungen in einer entfremdeten Erwerbsarbeit verhindern offenbar Gefühle der Freude, der Hingabe und der glückhaften Verschmelzung mit dem großen Ganzen. Die mentale Einstimmung auf Friede, Harmonie und Liebe ist der Schlüssel für eine Umkehr.

Die Vermessung des Unsichtbaren

Was ist Glück? Eine Flut von populärwissenschaftlichen Untersuchungen widmet sich diesem Thema. Eines haben diese Bücher gemeinsam: Sie postulieren einen anderen Glücksbegriff als jenen, den Konsum und Ablenkung versprechen. Bei der Suche nach alten Quellen des Glücksversprechens stieß man auf die vielfältigen spirituellen Lehren des asiatischen Kulturkreises. Obwohl es den Menschen dort oft materiell schlechtergeht als in den Industriestaaten, scheinen sie das Geheimnis der Gelassenheit und des Glücks zu kennen.

1961 untersuchten Mediziner erstmals indische Yogis. Sie fanden erstmals Alpha-Wellen in der Hirnrinde von Menschen, die sich in Zuständen von Yoga-Ekstase befanden. Die Alpha-Wellen sind typisch für die entspannte Ruhe, die sich während des Wachens bei geschlossenen Augen einstellt. So lag es nahe, die Gehirnwellenmuster von Meditierenden eingehender zu analysieren. Die ersten Untersuchungen stammen aus dem Jahr 1973 und sind seither von vielen Forscherteams mit immer neuen Fragestellungen durchgeführt worden. 1977 entwickelte Paul Levine die Methode des Coherence Spectral Array (COSPAR), um die für die Meditation typischen Gehirnwellen-Kohärenzen sichtbar zu machen. Dabei legen die Forscher zwei Elektroden an der Kopfhaut an und leiten dort diejenigen Gehirnwellen ab, die sie miteinander vergleichen wollen.

Das COSPAR-Gerät wandelt die Signale dieser zwei elektrischen Ableitungen mathematisch um, vergleicht sie miteinander und zeichnet sie in Form grafischer Wellen auf. Als

Kohärenz definieren Forscher dabei die mathematisch ermittelte Übereinstimmung zwischen den Phasen des EEGs einer bestimmten Frequenz, die an den zwei verschiedenen Stellen der Kopfhaut abgeleitet werden. So macht dieses Gerät Ordnungsmuster von Gehirnwellen in verschiedenen Bereichen der Hirnrinde sichtbar. Das Auftreten verschiedener Wellenbereiche kennzeichnet unterschiedliche Funktionen: Delta-Wellen (0,5–4 Hz) lassen sich während der Regenerationsphase im Tiefschlaf beobachten, Theta-Wellen (5–7 Hz) während des traumlosen, mitteltiefen Schlafes, Alpha-Wellen (8–12 Hz) bei meditativer Entspannung. Hinzu kommen die Beta-Wellen (13–30 Hz). Sie signalisieren intensive geistige Betätigung bei offenen Augen.

Die Abbildungen zeigen EEG-Ableitungen von Personen mit unterschiedlich langer Meditationspraxis. Jeder »Berg« auf der Grafik signalisiert eine Übereinstimmung der Gehirnwellen zu 95 Prozent über mindestens zehn Sekunden in verschiedenen Frequenzen von 0 bis 25 Hertz. In Ruhephasen von Nichtmeditierenden treten beim Wachen oder Schlafen keine Kohärenzen auf, bei Meditationsanfängern zeigen sich sofort Alpha-Wellen (10 Hz). Mit zunehmender Praxis werden Theta-Wellen (6 Hz) sichtbar, und schließlich Kohärenzen in allen Wellenbereichen.

Bedeutungsvoll waren für die Wissenschaftler nicht nur die Menge und Art der auftretenden Kohärenz, sondern vor allem deren Änderung aufgrund unterschiedlicher geistiger Aktivitäten. Die ersten Kohärenzen bei Meditationsanfängern treten in der Regel im Alpha-Frequenzbereich auf, bereits von der ersten Meditation an. Nach einiger Übung sind

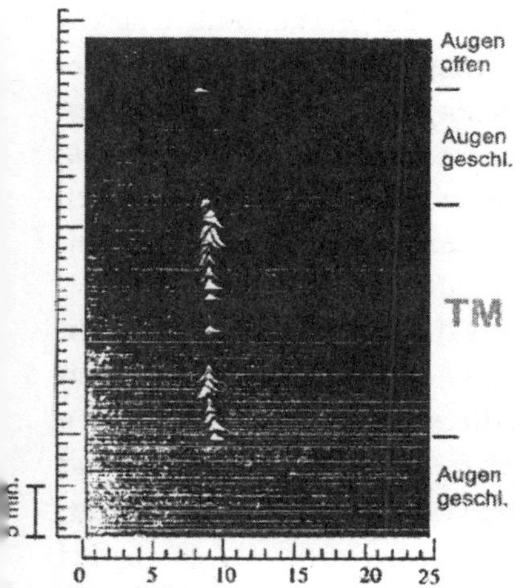

EEG-Messungen während der Meditation
zum Zeitpunkt des Beginns

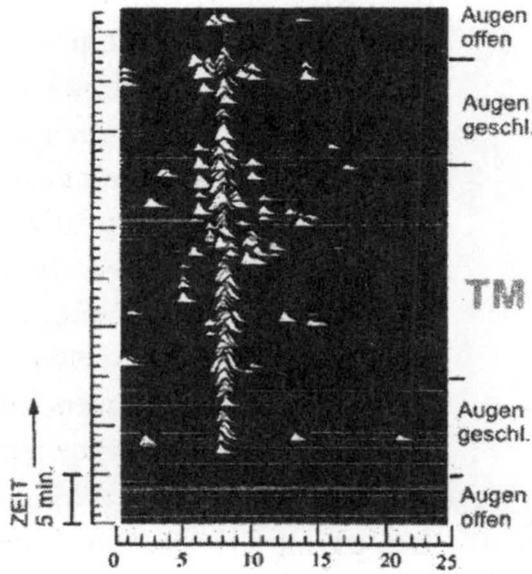

nach 4 Monaten

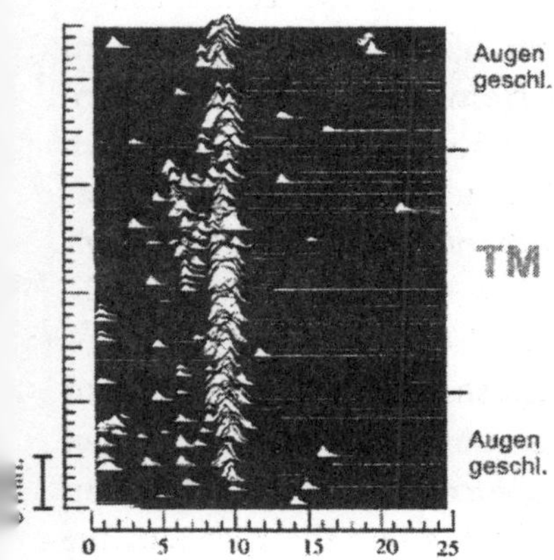

nach 5 Jahren

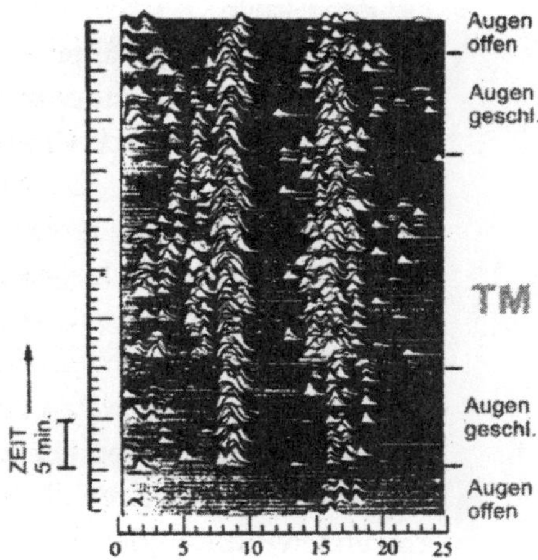

nach 15 Jahren

oft zweigipflige Alpha-Kohärenzen zu beobachten, was die Wissenschaftler mit einer vertieften Erfahrung erklären. Bei Menschen, die regelmäßig meditieren, treten Übereinstimmungen zunehmend auch in anderen Frequenzen auf. Häufig sieht man dann schon beim Augenschließen das Alpha-Band, mit Beginn der Meditation treten zunehmend auch Kohärenzen im Theta- und Beta-Bereich auf.

Bei einer jungen Frau, die mit Abstand die längste Meditationspraxis hatte, weil sie seit 15 Jahren regelmäßig meditierte, zeigte sich entsprechend die stärkste Kohärenz in allen Frequenzbereichen von 0 bis 25 Hertz; selbst das Beta-Band war über die gesamte Meditationszeit kohärent ausgeprägt. Die parallel dazu durchgeführte Messung des Atemmusters zeigte, dass sie in tiefer Ruhe kaum noch Sauerstoff brauchte. Ihre Atmung war äußerst ruhig und flach und auf dem Monitor kaum noch sichtbar. Das Zusammentreffen dieser beiden Faktoren werteten die Wissenschaftler als ein klares Zeichen von Transzendenzerfahrung. Bei Versuchspersonen, die einschliefen, verschwanden die vorher vorhandenen Kohärenzen vollständig. Sie kehrten aber sofort zurück, wenn die Probanden aufwachten und die Meditation fortsetzten. Folgeuntersuchungen zeigten direkte Zusammenhänge zwischen dem sogenannten »yogischen Fliegen« und der Kohärenz der Neuronen.

Der amerikanische Psychologe David Orme-Johnson und andere Forscher untersuchten später auch die Kohärenzen von Meditierenden, die bereits fortgeschrittene Techniken anwendeten. Besonders beeindruckend ist dabei die intensive Entwicklung von Kohärenzen über alle Hirnwellenbereiche während des »yogischen Fliegens«. Als Vergleichspersonen dienten Probanden, die nicht meditierten, und weitere, die Bewegungen, die bei der geistigen Technik des Fliegens spontan entstehen, willentlich imitierten. Bei ihnen traten nicht einmal Alpha-Kohärenzen auf.

1994 untersuchte Nicolai Nicolaevich Lyubimov, Direktor der Forschungsabteilung für Neurokybernetik des Moskauer Hirnforschungsinstituts, die Hirnaktivität bei Meditierenden. Er fand heraus, dass während der Meditation plötzlich weite Bereiche des Cortex, die normalerweise still liegen, auf kleinste akustische Reize hellwach reagieren. Was genauso bedeutsam war: Die Ausbreitung dieser feinen Aktivität ging von einer Hirnhälfte aus und erfasste auch die zweite, die vorher nicht aktiv war. Die Meditation belebt und synchronisiert demnach die Gehirnhälften, sie verbindet die analytischen Funktionen mit den synthetischen.

In dieser Untersuchung entwickelten Forscher eine auf verschiedenen Funktionen der Hirnrinde beruhende Integrationsskala. In sie gingen drei Faktoren ein: die Gehirnwellen-Kohärenz über alle Wellenbereiche in den frontalen EEG-Ableitungsstellen, die unterschiedlichen Werte von Hirnpotenzialen bei verschiedenen Aufgaben während der Aktivität und die Amplitude der Wellen an allen Ableitungsstellen des Gehirns. Die Regressionslinien der einzelnen Testpersonen zeigten an, dass mit wachsender Bewusstseinsentwicklung das Gehirn deutlich messbare, geordnetere Funktionsweisen annimmt. Ein Maximum an Gehirnwellenkohärenz über alle Frequenzbereiche führt zum »yogischen Fliegen«. Dieses Gehirnwellenmuster ist einzigartig und deutet auf eine starke Integration aller Funktionen der Gehirnrinde hin.

Inzwischen beschäftigen sich immer mehr wissenschaftliche Forschungsarbeiten mit dem Phänomen, dass meditierende Personen sich von Raum, Zeit und körperlichen Wahrnehmungen lösen. So nimmt beispielsweise bei praktizierenden Anhängern des tibetischen Buddhismus der Blutfluss in den frontalen Bereichen des Gehirns linksseitig zu und rechtsseitig ab, wenn sie den Verlust der üblichen Raum- und Zeitwahrnehmung erfahren. Bei Ausübenden des Diamond Way Buddhism erhöht sich die 40-Hz-Amplitude der Gehirnwellen rechts frontotemporal gemessen, wenn sie sich selbst in der grenzenlosen Leere verlieren. Bei Menschen, die während des Schlafs Transzendenz aufrechterhalten, fanden Forscher eine höhere Alpha-EEG-Amplitude und -Kohärenz, die gemeinsam Anzeichen für Transzendieren im Wachzustand sind. Parallel dazu zeigten sich während des dritten und vierten Tiefschlafstadiums Delta-Wellen, die ein Signal für tiefen Schlaf sind.

Mittlerweile wurde das Forschungsdesign immer differenzierter. Man fand beispielsweise Unterschiede in der sogenannten kontingenten negativen Variation. Es ist ein negatives Hirnwellenpotenzial, das zwischen einem warnenden Reiz (S1) und einem nachfolgenden Stimulus (S2) auftritt, auf den der Getestete sofort reagieren soll. Die Versuchspersonen sehen für 150 Millisekunden ein Sternchen auf einem Computerbildschirm (S1) und hören 1,5 Sekunden später einen Dauerton (S2), den sie so schnell wie möglich per Knopfdruck abstellen sollen. Die frühe kontingente negative Variation innerhalb der ersten 500 bis 800 Millisekunden nach dem

Sternchen-Warnreiz (S1) zeigt bei allen Personen automatische, orientierende Vorgänge an. Daher unterscheiden sich in der frühen CNV Personen mit häufigen oder seltenen Transzendenzerfahrungen nicht voneinander.

Die späte CNV, die innerhalb der 200 Millisekunden vor dem dann folgenden Ton (S2) gefunden wird, misst nun die bereits auf die Handlung vorbereitende Aktivität des Gehirns, da die Personen wissen, dass sie gleich reagieren sollen. Bei Personen mit häufigen Transzendenzerfahrungen nahm die späte CNV, das vorbereitende Hirnpotenzial vor dem Reiz (S2), zu.

Umgekehrt verhielt es sich bei Wahlaufgaben. Bei diesen sieht der Getestete ebenfalls sehr kurz eine ein- oder zweistellige Zahl auf dem Computer-Bildschirm, auf die nach kurzem Intervall eine zweite Zahl anderer Größe folgt. Die Personen sollen dann einen Knopf in der linken Hand drücken, wenn die erste Zahl die größere war, oder aber einen Knopf in der rechten Hand, wenn die zweite die größere war. Bei diesen Wahlaufgaben war interessanterweise die späte CNV bei Personen mit häufigen Transzendenzerfahrungen niedriger als bei den Kontrollpersonen. Dies interpretierten die Forscher als ein eher ausgewogenes Erwartungsverhalten, bei dem die Personen entspannt auf den Wahlreiz S2 warteten, bevor sie mit der Reaktion begannen.

Sie ahnen das Ergebnis: Personen mit täglichen Transzendenzerfahrungen während der Meditation zeigten signifikant die höchste späte kontingente, negative Variation bei einfachen Reaktionszeit-Versuchen (Aufblitzen [S1] Ton [S2]), Personen mit häufigen Transzendenzerfahrungen

(10–20 pro Jahr) die mittlere späte CNV und Personen ohne Transzendenzerfahrungen (<1 pro Jahr) die geringste späte CNV. Ihre am Gehirn ablesbare vorbereitende Aufmerksamkeit war demnach die deutlich höchste. In Reaktionszeit-Versuchen, bei denen zwischen den eigentlichen Stimuli drei störende Zahlen eingeblendet wurden, die sich der Proband merken sollte, war die erste Gruppe am wenigsten ablenkbar, die zweite Gruppe lag in der Mitte, während die Personen ohne Meditationserfahrungen sich am stärksten ablenken ließen.

Die Schlüsse, die man aus diesen Untersuchungen ziehen kann, verstärken die Vermutung, dass Meditation ein kosmisches Bewusstsein hervorruft: Einssein mit dem Universum, Harmonie mit dem großen Ganzen, glückhafte Selbstauflösung in einem höheren Sein. Das kosmische Bewusstsein ist dadurch gekennzeichnet, dass die Erfahrung von Transzendenz auch während der Tagesaktivität und des Schlafens bestehen bleibt. Immer mehr Menschen praktizieren diese Art der Meditation und sind so in der Lage, ein Jahr und länger in diesem integrierten Zustand zu leben. Sie sind auf dem besten Weg in ein erfülltes Leben, das negative Faktoren wie Stress, Überforderung und Unwertgefühle korrigiert. Das Bewusstsein der eigenen Transzendenz und die Gewissheit, im kosmischen System aufgehoben zu sein, haben einen heilenden Effekt. Wir täten gut daran, diese Praktiken in den Vordergrund zu stellen. Jenseits der Schulmedizin und auch jenseits psychologischer Therapien erschließt sich hier ein Zugang zum Menschsein, der im tiefsten Sinne als Humanum gelten kann.

Konsequenzen für uns und unseren Alltag

Die Ergebnisse der Hirnforschung im Hinblick auf Meditation sind von weitreichender Bedeutung. Zum einen stehen sie in direktem Bezug zu den beschriebenen theoretischen Modellen. Zum anderen belegen diese Versuchsreihen die Vermutung, dass unser Gehirn in der Lage ist, aktiv in den Schöpfungsprozess einzugreifen. Die aus der Physik bekannten Phänomene der Kohärenz können demzufolge auf das menschliche Gehirn übertragen werden. Darüber hinaus ist erkennbar, dass wir unter definierten entspannten Bedingungen den eingeschränkten Grad des »freien Willens« erhöhen können. In diesen Zuständen sind wir tatsächlich Schöpfer und Herr unserer eigenen Gedanken und Handlungen.

Heben wir zum Schluss noch einmal die schöpferischen Eigenschaften unseres Gehirns hervor. Der Schlüssel hierzu liegt in der hohen Kohärenz. Sie verleiht den Photonen die Fähigkeit, Ordnung zu bilden und Informationen zu übermitteln. Die Kohärenz sorgt dafür, dass ein Informationstransfer und eine Signalverstärkung stattfinden. Die kohärent schwingenden Neuronen sind ein Kriterium für die Verbindung zum Hyperraum. Aus der Neurologie ist bekannt, dass eine Korrelation zwischen den erhöhten Amplituden unserer Neuronen und dem Grad unserer Aufmerksamkeit besteht. Die Tatsache, dass im Gehirn erhöhte Amplituden gemessen werden können, bedeutet, dass hier eine große Anzahl von Neuronen in gleicher Frequenz schwingen. Dieses entspricht einem hohen Maß an Kohärenz.

Veränderte Bewusstseinszustände wie Entspannung und Meditation können als eine Art Kohärenz im langwelligen Bereich unseres Biophotonenfelds aufgefasst werden. Nachweislich erhöhen sie die Kohärenz der gemessenen Gehirnwellen und führen zu einer Erweiterung des Bewusstseins. Die Eigenschaften der gemessenen Gehirnwellen deuten auf eine direkte Ankopplung an eine nicht materielle Ebene hin. Das, was in der Physik als der Vakuumraum bezeichnet wird, ist offenbar die Quelle aller Information an sich. Information, Struktur und Bewusstsein sind eng verknüpft.

Aus virtuellen Energiephänomenen werden durch Energiezufuhr reale Zustände. Die Beeinflussung der Vakuumenergie durch Gedanken, Vorstellungen, Gefühle und Glaube geschieht eindeutig über die Grenzen unseres Körpers hinaus. Ursache für die Fernwirkung ist die Nonlokalität. Nonlokalitätseffekte werden besonders effektiv durch Kohärenz. Doppel- oder Mehrphotonen mit jeweils entgegengesetzten Spin-Ausrichtungen ergeben in der Summe null und stellen eine Einheit dar. Dies ist das Modell der realitätsbildenden Verfestigungskaskade unter Beteiligung des Bewusstseins. Durch Kohärenz entstehen Zeitreisen ganz besonderer Art.

Wenn wir also in der Lage sind, willentlich auf den Kohärenzgrad unserer Neuronen einzuwirken, so liegt uns ein weiterer Aspekt offen. Schon 1968 äußerte der Physiker Herbert Fröhlich, ein Vorreiter der Supraleiterforschung, kohärente Energieschwingungen seien das entscheidende Merkmal lebendiger Systeme. Zwar seien diese Schwingungen quantenmechanischen Ursprungs, könnten sich aber über Regionen ausdehnen, die Millimeter oder gar Zentimeter lang sein könnten. Kohärente Energieschwingungen sind die Grundlage allen Lebens und das Element, das lebendige von toten Dingen unterscheidet.

Leben unterscheidet sich vom Tod nur durch Kohärenz der Komponenten eines Systems. Auch das Gehirn ist solch ein kohärentes Quantensystem. So tragen wir aktiv zu unseren lebenserneuernden Prozessen bei, indem wir uns einen ruhigen und ausgeglichenen Zustand mit einer entsprechenden Vorstellung erschaffen. Solange wir jedoch unsere Grenzen in den Bereich der Unmöglichkeit setzen, so lange wird sich in unserem Leben nichts tatsächlich Neues vollziehen. Nicht der Glaube, sondern das verinnerlichte Wissen, die vollkommene Überzeugung formatiert die inneren Visionen zu einer neuen Realitätsbeschaffenheit. Grenzen werden nur durch unsere Vorstellungen festgelegt. Es sind genau die gleichen Strukturen, die es uns ermöglichen, unsere »Wunder« zu erschaffen. Und so visualisiere ich mir eine Welt, in welcher die Menschen ihre grenzenlosen Möglichkeiten freudvoll nutzen und in ekstatischer Liebe in allen Variationen ausleben.

Unter diesen Voraussetzungen sollte man äußerst achtsam mit seinen Gedanken umgehen. Jeder trübe Zweifel, jedes boshafte Denken stören uns am Aufbau einer schöneren, besseren Wirklichkeit. Zugegeben: In der globalisierten Medienwelt ist es ungeheuer schwierig, sich dem Fatalistischen, dem Defätistischen, dem Negativen zu entziehen. Doch wenn wir uns auf die Schreckensmeldungen der Nachrichten einlassen, auf die blutrünstigen Kämpfe im Computerspiel oder auf die Aggressionen der Horrorfilme, dann werden sie zu unserer

Realität. Alles, was unsere zielgerichtete Aufmerksamkeit fesselt und mit Emotionen verstärkt, wird zu einem Teil unserer Wirklichkeit, zu einem Teil unseres Selbst.

Wir müssen Verantwortung übernehmen für unsere Existenz. Es wäre falsch, zu behaupten, dass der Einzelne nichts zur Veränderung und Verbesserung der Welt beitragen kann. Beginnen wir jedoch damit, die Welt so zu sehen, wie wir sie uns wünschen, verändern wir sie nachhaltig. Wir entscheiden uns bewusst dafür, dass das, was wir glauben, zur Realität wird. Jeder kann die Welt retten. Wir sind nicht auf die Hilfe anderer angewiesen. Dafür brauchen wie weder Macht noch Einfluss, weder Geld noch Gruppen Gleichgesinnter. Wir müssen und können die Sache selbst in die Hand nehmen. Jeder ist Zentrum seines eigenen Universums. Jeder ist in der Lage, das gesamte Universum zu verändern. Das ist meine Botschaft.

Danksagung

Auf meinem unwegsamen Gang durch das Labyrinth der geistlosen Naturwissenschaft stieß ich auf einige Arbeiten von außergewöhnlichen Naturforschern. Sie waren auf meiner Reise diejenigen, die meiner inzwischen aufgekommenen Resignation neuen Elan entgegensetzten. Ohne einen Louis de Broglie, Richard Feynman, Jean Émile Charon und Burkhard Heim, ebenso einen Ulrich Warnke, Michael König, William Tiller, Roger Penrose, Jack Sarfatti und David Lapierre wären meine Fragen unbeantwortet geblieben und wäre letztlich dieses Buch nie entstanden. Als besonders herausragende Zusammenfassungen im themenbezogenen Kontext möchte ich die Arbeiten von Ulrich Warnke, André Wasser und Werner Held benennen, die in diese Publikation mit einflossen. Ihnen gelten mein ganz besonderer Dank und meine höchste Anerkennung, schaffen sie es doch, eine Naturwissenschaft im ganzheitlichen Sinne transparent und deutlich darzustellen. Ich möchte jedem Leser dieses Buches nahelegen, seine neu erworbenen Erkenntnisse zu vertiefen und sich den Arbeiten dieser Pioniere zuzuwenden, denn erst das tatsächliche Verstehen der Beschaffenheit des Denkens ermöglicht uns den Weg zur wahren Freiheit.

Literatur- und Quellenverzeichnis

Aharonov, Y. und Vaidman, Eigenschaften eines Quantensystems während des Zeitabstands zwischen zwei Maßen, 1990

Akhiezer, A. I. und Berestetskii, V. B., Elements of Quantum Electrodynamics, London, Oldbourne Press, 1962

Albert, David Z., David Bohms Quantentheorie, in: Spektrum der Wissenschaft, Juli 1994

Alvager, T. und Kreisler, M. N., Quest for faster-than-light particles, in: Phys. Rev. 171, 1968

Arendes, Lothar, Ansätze zur physikalischen Untersuchung des Leib-Seele-Problems, 1996; http://home.t-online.de/home/Lothar.Arendes/index.htm

Aspect, A. und Gragier P., Experiments on Einstein-Podolsky-Rosen type correlations with pairs of visible photons, in: Quantum theory of measurement. Eds. Wheeler J. A., Zurek W. H. Princeton University Press, 1983

Attolini, M. R., Galli, M. und Castagnoli, G. C., On the Rz-sunspot relative number variations, in: Solar Physics, 95, 1985

Bai, T. und Sturrock, P. A., The 154-day and related periodicities of solar activity as subharmonics of a fundamental period, in: Nature 350, 141-143. 1991

Bauer, E., Theoretical Biology, Moscow-Leningrad, IEM, auf Russisch (1967, auf Ungarisch)

Bauer, E. und Borsdyko, S., Mutations and the Structure of Living Matter, in: Biodynamica, No. 14, 1–8, 1936

Bayles, J., Electrogravitational Mechanics; www.electrogravity.com

Bearden, T. E., Gravitobilogy – »The New Biophysics«, Tesla-Book-Company, Box 121873, Chula Vista, CA 91912, 1991

Beck, F. und Eccles, J. C., Quantum aspects of brain activity and the role of consciousness, in: Proc. Natl. Acad. Sci. USA 89(23): 11357–11361, 1992

Becker, Robert O., The Effect of Magnetic Fields upon the Central Nervous System, Biological Effects of Magnetic Fields, Vol. 2, 207–214

Between Mind and Matter (B. Rubik ed.), Center of Frontier Sciences, Temple University, Philadelphia, Marketing Graphics, Southampton, PA, 1992

Bloc, Immanuel, Hänsch, Theodor W., Esslinger, Tilman, Wenn Materie Quantenwellen schlägt, in: Spektrum der Wissenschaft, Juli 2000

Bogen, Joseph E., The Other Side of the Brain: An Appositional Mind, in Robert Ornstein (ed.), The Nature of Human Consciousness, San Francisco: W. H. Freeman, 1973

Bohm, D., Physics and the Ultimate Significance of Time, ed. by D. R. Griffin, State Univ. of New York Press, 1986

Boyer, T. H., Classical Statistical Thermodynamics and Electromagnetic Zero Point Radiation, in: Phys. Rev. Vol. 186, 1304–1318, 1969

Breithaupt, H., Biological Rhythms and Communications, in Electromagnetic Bio-Information, eds. 1989

Burr, H. S. und Northrop, E. S. C., The Electrodynamic Theory of Life, in: Quart. Rev. Biol. 10, 322, 1935

Calvet, Carlos., Hyperraum – Die Beherrschung von Raum und Zeit, Argo-Verlag, 2002

Cassidy, David C., Werner Heisenberg und die Quantenrevolution, in: Spektrum der Wissenschaft, Juli 1992

Chalmers, D., Facing up to the problem of consciousness, in: Toward a Science of Consciousness – The First Tucson Discussions and Debates, S. R. Hameroff, A. Kaszniak und A. C. Scott (eds.), MIT Press, Cambridge, MA, 1996

Chalmers, D., Toward a Theory of Consciousness, Springer, Berlin, 1996

Charon, Jean É., Der Geist der Materie, Ullstein, 1988

Charon, Jean É., Theorie de la Relativité complexe, Albin Michel, 1977

Chiao, Raymond Y., Kwiat, Paul G. und Steinberg, Aephraim M., Quantenphänomene schneller als Licht?, in: Spektrum der Wissenschaft, Oktober 1993

Conley, Charles C., Effects of Near-Zero Magnetic Fields on Biological Systems, Biological Effects of Magnetic Fields, Vol. 2

Cramer J. G., The transactional interpretation of quantum mechanics. in: Rev. Modern Physics, 58, 647–688, 1986
Cramer J. G., Transactional Deutung der Quantenmechanikerberichte moderner Physik, 1986
Crick, F. und Koch, C., Towards a neurobiological theory of consciousness, in: Seminars Neurosci., 2, 263–275, 1990
Davies, Paul., Mehrfachwelten, Diederichs, 1981
DeAquino, Fran., Gravitational Spacecraft, www.elo.com.br/~deaquino/
Delgado, José, Die experimentelle Gehirnforschung und die Verhaltensweise, Endeavour, Jg. 69. 1967
Derbyshire, S., Mind over matter, examines the latest debate about what shapes human consciousness, Oktober 1994; www.junius.co.uk/LM/LM72/LM72_Books.html
Deutsch, David und Lockwood, Michael, Quantenphysik der Zeitreise, in: Spektrum der Wissenschaft, November 1994
Dicke, R. H., Coherence in spontaneous radiation processes, in: Phys. Rev. 93, 99, 1954
Dirac, P., The principles of quantum mechanics, Claredon press, Oxford, 1958
Dubrov, Alexander P., Biogravitation et Psychotronique, Impact, Science et Societé, UNESCO XXIV, Nr. 4, 1974
Dull, T. und Dull, B., Über die Abhängigkeit des Gesundheitszustandes von plötzlichen Eruptionen auf der Sonne und die Existenz einer 27-tägigen Periode in den Sterbefällen, Virchows Archiv, No. 293, 1934. This study is summarized in Michel Gauquelin, The Scientific Basis of Astrology, New York, Stein and Day, 1969
Dulnev, G. N., Registration of phenomena of psychokinesis by means of magnetic devices
Dzang Kangeng, Yu. V., Bioelectromagnetic fields as a material carrier of biogenetic information, Aura-Z, 1993
Eberlein, C., Sonoluminescence as quantum vacuum radiation, in: Phys. Rev. Lett. 3842, 1996
Eckhorn, R., Bauer, R., Jordan, W., Brosch, M., Kruse, W., Munk, M. und Reitboeck, H. J., Coherent oscillations: a mechanism of feature linking in the visual cortex?, in: Biol. Cybern., 60, 121–130, 1988

Einstein, A., Collection of works, Nauka, Moscow (auf Russisch), 1965
Einstein, A., Podolsky B. und Rosen N., Phys., Rev. 47, 777–787, 1935
Eccles, J. C., How the Self Controls its Brain, Springer, Berlin, 1994
Eccles, Sir John, Persönliche Mitteilung, Internationale Tagung der Temple-Universität, Bermudas, 1992
Eccles, John C., Facing Reality, New York, Springer, 1970
Elitzur, Time and consciousness: »The uneasy bearing of relativity theory on the mind-body problem, in: Toward a Science of Consciousness – The First Tucson Discussions and Debates, S. R. Hameroff, A. Kaszniak und A. C. Scott (eds.), MIT Press, Cambridge, MA, 1996
Englert, Berthold-Georg, Scully, Marlan und Walther, Herbert, Komplementarität und Welle-Teilchen-Dualismus, in: Spektrum der Wissenschaft, Februar 1995
Esfeld, Michael, Der Holismus der Quantenphysik, Philosophia Naturalis 36, 1999
Everett, H., Relative state formulation of quantum mechanics, in: Quantum Theory and Measurement, J. A. Wheeler und W. H. Zurek (eds.), Princeton University Press
Everett, Hugh., The Many-Worlds Interpretation of Quantum-Mechanics, Princeton, NJ., University Press 1973
Feinberg, G., Possibility of faster-than-light particles, in: Phys. Rev. 159, 1089, 1967
Feynmann, R. P., Sechs physikalische Fingerübungen, Piper, 1995
Feynmann, R. P., QED – Die seltsame Theorie des Lichts und der Materie, Piper, 1997
Feynman, R. P., Space-time approach to quantum electro-dynamics, in: Phys. Rev. 76, 769, 1949
Feynman, R. P., Theory of Fundamental Processes, 1961
Feynman, R. P., Leighton, R. B., Sands, M., The Feynman Lectures on Physics, 1963
Feynman, R. P., QED – the strange theory of light and matter, Penguin Books, 1985
Fleming, G. und Butterfield, J., Is there superluminal causation in quantum theory?, International Conference on Bells Theory and the Foundation of Modern Physics, in: World Scientific, 203–207, 1992

Fredericks, K., The photographic detection of tachyons in human body radiation, in: Journal of Nonlocality und Remote Mental Interaction, 2002
Freedman, D. Z., Schramm, D. N. und Tubbs, D. L., The weak neutral current and its effect in stellar collapse, in: Ann. Rev. Nucl. Sci. 27, 167–207, 1977
Friedman, Howard; Becker, Robert O. und Bachman, Charles, Geomagnetic Parameters and Psychiatric Hospital Admissions, in: Nature, 200, November 16, 1963
Friedman, Howard; Becker Robert O. und Bachman, Charles H., Psychiatric Ward Behavior and Geophysical Parameters, in: Nature, 205, März 13, 1965
Friedman, Howard; Becker, Robert O. und Bachman, Charles H., Effect of Magnetic Fields on Reaction Time Performance, in: Nature, 213, März 4, 1967
Fröhlich, H., Long-range coherence and energy storage in biological systems, in: Int. J. Quantum Chem. 2: 641–649, 1968
Fröhlich, H., Long range coherence and the actions of enzymes, in: Nature 228, 1093, 1970
Fröhlich, H., The extraordinary dielectric properties of biological materials and the action of enzymes, Proc. Natl. Acad. Sci. 72: 4211–4215, 1975
Frolov, Alexabder V., Resonance Effects; www.patrak.com/ine/NEN4-8-6.html
Gariaev P., Birstein B., Iaroshenko A., Marcer P., Tertishny G., Leonova K., Kaempf U., The DNA-wave biocomputer, International J. Computing Anticipatory Systems, ed. by D. Dubois, 2001
Gariaev P. P., Tertishny G. G., Iarochenko A. M., Maximenko V. V., Leonova E. A., The spectroscopy of biophotons in non-local genetic regulation, in: Journal of Nonlocality and Remote Mental Interaction, 2002; www.emergentmind.org/gariaevI3.htm
Goswami, A., The Self-Aware Universe: How Consciousness Creates the Material World, Tarcher/Putnam, New York, 1993
Gurvich, A. G., Selected works, 1977
Gutzwiller, Martin C., Quantenchaos, Spektrum der Wissenschaft, März 1992

Grandpierre, Attila, in Theoretical problems in Stellar Stability and Oscillations, eds. A. Noels und M. Gabriel, 48, 1984
Grandpierre, Attila, The Universe as a Living System, in: Forras 1988, No. 2 (auf Ungarisch), 1988
Grandpierre, Attila, How is working the Sun?, in: Solar Physics, Vol. 128, 3, 1990
Grandpierre, Attila, A pulsating-ejecting solar core model and the solar neutrino problem, in: Astronomy and Astrophysics, Vol. 308, 199, 1996
Grandpierre, Attila, The Physics of Collective Consciousness, in: World Futures, 1997
Greiner, W., Theoretische Physik, Bd. 6: Relativistische Quantenmechanik: Wellengleichungen, Frankfurt a. M., 1987
Grof, Stanislav., Topographie des Unbewussten, Klett-Cotta, 1978
Gurwitsch Conference, Moscow, Sept. 28.–Oct. 4. Non Equilibrium and Coherent Systems in Biophysics, Biology and Biotechnology
Haken, H., Synopsis and Introduction, in: E. Basar, H. Flohr, H. Haken und A. J. Mandell (Hg.), Synergetics of the Brain, 3–25, Berlin, 1983
Haken, H., Synergetik – Eine Einführung, Berlin, 1990
Haken, H. und Haken-Krell, M., Erfolgsgeheimnisse der Wahrnehmung, Stuttgart, 1992
Hameroff, S. und Penrose, R., Conscious Events as Orchestrated Space-Time Selections; www.u.arizona.edu/~hameroff/conscov.html
Hameroff, S. R., Dayhoff, J. E., Lahoz-Beltra, R., Samsonovich, A. und Rasmußen, S., Conformational automata in the cytoskeleton: models for molecular computation, in: IEEE Computer (October Special Issue on Molecular Computing): 30–39, 1992
Hameroff, S. R. und Penrose, R., Orchestrated reduction of quantum coherence in brain microtubules: A model for consciousness, in: Neural Network World 5 (5) 793-804, 1995
Hameroff, S. R. und Penrose, R., Orchestrated reduction of quantum coherence in brain microtubules: A model for consciousness, in: Toward a Science of Consciousness – The First Tucson Discussions and Debates, S. R.
Hameroff, A. Kaszniak und Scott A. C. (eds.), MIT Press, Cambridge, MA, 1996

Haroche, Serge und Raimond, Jean-Michel, Hohlraum-Quantenelektrodynamik, in: Spektrum der Wissenschaft, Juni 1993
Heim, Burkhard, Postmortale Zustände, Resch-Verlag, 1980
Held, Werner, Quantentheorie der Information, 2001; http://64.233.183.104/search?q=3Dcache:oPTWWmsW37MJ:people.freenet.de/sol=eil7/1%2B2a.doc+werner-held&hl=3Dde&lr=3Dlang_de
Held, Werner, Die 1. und die 2. Beobachtung als Übergang vom EinsSein in die Dualität in informationstheoretischen und systemtheoretischen Ansätzen; www.people.freenet.de/soleil7/1+2a.doc=20
Herrmann, Dieter B., Antimaterie – Auf der Suche nach der Gegenwelt, C. H. Beck, 1999
Hey, Tony und Walters, Patrick, Quantenuniversum – Die Welt der Wellen und Teilchen, in: Spektrum der Wissenschaft, 1990
Holst, E. von, Vom Wirkungsgefüge der Triebe, in: Die Naturwissenschaften, Jg. 47, 1960
Holler, Johannes, Das neue Gehirn, Bruno Martin, 1985
Horgan, John, Quantenphilosophie, in: Spektrum der Wissenschaft, September 1992
Hovis, R. Corby und Kragh, Helge, Paul Dirac und das Schöne in der Physik, in: Spektrum der Wissenschaft, Juli 1993
Hoyle, Fred, Astronomy and Cosmology – A modern course, W. H. Freeman and Company, San Francisco, 1975
Hoyle, Fred, The Intelligent Universe Kortvelyessy, 1983
Huxley, Aldous, Die Pforten der Wahrnehmung, Piper, 1956
Jibu, M., Hagan, S., Hameroff, S. R., Pribram, K. H. und Yasue, K., Quantum optical coherence in cytoskeletal microtubules: implications for brain function, in: BioSystems 32:195–209, 1994
Jibu, M., Yasue, K., Hagan, S., Water laser as cellular vision, submitted, 1995
Kaivarainen, A., Hierarchic theory of matter, general for liquids and solids: ice, water and phase transitions, American Institute of Physics Conference Proceedings, 2001
Kaivarainen, A., Bivacuum, sub-elementary particles and dynamic model of corpuscle-wave Duality, CASYS, in: International Journal of Computing Anticipatory Systems, 2001

Kaivarainen, A., New Hierarchic theory of water and its role in biosystems. The quantum Psi Problem, Proceedings of the International conference: Energy and informational transfer in biological systems: How physics could enrich biological understanding, F. Musumeci, L. S. Brishik, M. W. Ho (eds.), World Scientific, 2003

Kaivarainen, A., New Hierarchic theory of water and its role in biosystems. Bivacuum mediated time effects, electromagnetic, gravitational & mental interactions; http://www.karelia.ru/~alexk/new_articles/index.html, und in Electronic library of Temporology Institute (Moscow University);
http://www.chronos.msu.ru/relectropublications.html, 2003

Kaivarainen, A., Unified Theory of Bivacuum, Particles Duality, Fields & Time, New Bivacuum-Mediated Nonlocal Interaction. In the archives of Los-Alamos, Quantum Physics Research. NOVA Science, ed F. Columbus und V. Krasnoholvets, 2004

Kaku, Michio, Hyperraum – Eine Reise durch Zeittunnel und Paralleluniversen, Rowohlt-Science, 2002

Karolhazy, F., Frenkel, A. und Lukacs, B. On the possible role of gravity on the reduction of the wave function, in: Quantum Concepts in Space and Time, R. Penrose und C.J. Isham (eds.), Oxford University Press, 1986

Kaznatcheev, V. und Trofimov, A., Die Wirkungen morphogenetischer Felder in einem Modellraum, International Institut of Cosmic Anthropoecology, Moskau, 1999

Kholodov, Yurij A., Electromagnetic Fields and the Brain, Impact: of Science on Society, 24(4), Oktober 1974, 291–297. Kholodov ist ein sowjetischer Forscher mit dem Spezialgebiet biomagnetische Wechselwirkungen. Diese Ausgabe zu den Auswirkungen wurde von der UNESCO publiziert und ist der internationalen Entwicklung der Grenzwissenschaften gewidmet.

Kholodov, Yuri, The Brain and the Magnetic Field, in: Journal of Paraphysics, 6(4), 1972

Kim, H., Jensen, C. G. und Rebhund, L. I., The binding of MAP2 and tau on brain microtubules in vitro. in: Dynamic Aspects of Microtubule Biology, D. Soifer (ed.), Ann. NY Acad. Sci. 466, 218–239. 1986

Kirshivink, Joseph L., Kobayashi-Kirshivink, Atsuko und Woodford, Barbera J., Magnetite Biomineralization in the Human Brain, in: Proceedings of the National Academy of Science, 89, 7683–7687, 1992

Kivelson, Steven, Lee Dung-Hai und Zhang Shou-Cheng, Quanten-Hall-Effekt und Supraleitung, in: Spektrum der Wissenschaft, Mai 1996

Kluwer Assis, A. K. T. und Graneau, P., Nonlocal Forces of Inertia in Cosmology, in: Found. of Physics, 26, 271, 1996

Koegler, R. R., Hicks, S. M. Rogers L., und Barger, J. H., A Preliminary Study in the Use of Electrosleep Therapy in Clinical Psychiatry, in Norman L. Wulfson (ed.), The Nervous System and Electric Currents, New York: Plenum Press, 1970

Korotaev, S. M., Serdyuk V. O. und Sorokin M. O., Experimental veri-fication of Kozyrev's interaction of natural processes, Galilean Electrodynamics, 2000

Korotkov, K. G., Registration of biofield influence on a gas-discharge detector, in: Physicist in parapsychology, Essays, »Hatrol«, Moskau, 2002

Korotaev, S. M., Serdyuk, V. O., Sorokin, M. O. und Abramov, J. M., Geophysical manifestation of interaction of the processes through the active properties of time, Physics and Chemistry of the Earth, 1999

Kotov, V. A., The 160 minutes oscillations, in: Solar Physics, 100, 1985

Kotov, V. A., From solar oscillations to restrictions on standard cosmology, 4th SOHO Workshop, Helioseismology, 1995

Kozyrev, N. A., Selected Works, Leningrad (auf Russisch) 1991

Krolhzy, F., Frenkel, A. und Lukacs, B., On the possible role of gravity on the reduction of the wave function, in: Quantum Concepts in Space and Time, R. Penrose und C. J. Isham (eds.), Oxford University Press, 1986

Krueger, A. P. und Kotaka, S., The Effects of Air Ions on Brain Levels of Serotonin in Mice, in: International Journal of Biometeorology, 13(1), 1969

Kudo, T., Tada, K., Takeda, M. und Nishimura, T., Learning impairment and microtubule-associated protein 2, (MAP2) decrease in gerbils under chronic cerebral hypoperfusion, in: Stroke 21: 1205–1209, 1990

Kügler, Peter, Quantentheorie, Bewusstsein und Willensfreiheit; www.aurora-magazin.at/wissenschaft/phil_kuegler_druck.htm
Küppers, Bernd-Olaf, Der Ursprung biologischer Information, 2. Auflage, München, 1990
Kwiat, Paul, Weinfurter, Harald und Zeilinger, Anton, Wechselwirkungsfreie Quantenmessung, in: Spektrum der Wissenschaft, Januar 1997
Lambeck, K., The Variable Rotation of the Earth, Cambridge University Press, 1980
Lausch, Erwin, Manipulation – Der Griff nach dem Gehirn – Methoden, Resultate, Konsequenzen der Gehirnforschung, Rowohlt, 1974
Libet, Benjamin, Sekundenphänomen; www.hia.com/hia/pcr/wolf/libet.html
Libet, B., Wright, E. W. Jr., Feinstein, B. und Pearl, D. K., Subjective referral of the timing for a conscious sensory experience, in: Brain 102: 193–224, 1979
Lilly, John, The Scientist and The Deep Self und Im Zentrum des Zyklons« und The Scientist, auf Deutsch: Der Scientist, Basel, Sphinx, 1984
Lipkind, M., Definition of Consciousness, Integrative Biophysics (F. A. Popp und L. Beloussov, eds.), Kluwer Academic Publishers, Dordrecht-Boston-London, 2002
Lloyd, Seth, Quantencomputer, in: Spektrum der Wissenschaft, Dezember 1995
Löbsack, Theo, Die manipulierte Seele, DTV 1981
Longo, Angela, To Sleep; Perchance to Dream? – A Neurochemical Study of the States of Sleep, unpublished paper, 1971
Lyre, Holger, Homepage mit verschiedenen Texten und Erläuterungen zur Urtheorie ist unter www.ruhr-unibochum.de/philosophy/staff/lyre.htm zu finden
Lyre, Holger, Die Quantentheorie der Information, Springer Akademischer Verlag, Berlin, 1998
Mach, E., Analyse der Empfindungen, Jena, 1903
Marshall, I. N., Consciousness and Bose-Einstein condensates, New Ideas, in: Psychology 7: 73–83, 1989
Mender, D., The Myth of Neuropsychiatry: A Look at Paradoxes, Physics, and the Human Brain, New York, 1994

Metzinger, Thomas, Conscious Experience; www.zynet.co.uk/imprint/ce.html
Müller, Hartmut, Global-Scaling, raum&zeit
Murch, G. M. und Woodworth, G. L., Wahrnehmung, Stuttgart, 1977
Murphy, Todd, The Production of Consciousness out of States of Consciousness; www.jps.net/brainsci
Naranjo, Claudio, Die Reise zum Ich, Fischer, 1979
Niedermeyer, E. und Lopes da Silva, F., Electroencephalography: Basic Principles, Clinical Applications and Related Fields, Baltimore – München, 1987
Norden, Bengt., und Ramel, Claes., Interaction Mechanisms of Low-Lewel Electromagnetic Fields in Living Systems, Oxford Science Publications, 1992
Norretranders, Tor, Spüre die Welt – Die Wissenschaft des Bewusstseins, Science Sachbuch, Rowohlt, 2000
Ornstein, Robert, Die Psychologie des Bewußtseins, Fischer 1976
Pearce, Joseph Chilton, The Biology of Transcendence, Park Street Press, 2002
Pearle, P., Combining stochastic dynamical state vector reduction with spontaneous localization, in: Phys. Rev. D. 13: 857–868, 1989
Pearle, P. und Squires, E., Bound-state excitation, nucleon decay experiments and models of wave-function collapse, in: Phys. Rev. Letts. 73(1): 1–5, 1994
Penfield, W. und Roberts, L., Speech and Brain-Mechanisms, Princeton, 1959
Penfield, Wilder, Mystery of the Mind, Princeton: Princeton University Press, 1975
Penrose, Roger, Schatten des Verstandes, Oxford Press, 1994
Penrose, R., Quantum theory and reality, in: 300 Years of Gravity S. W. Hawking und W. Israel (eds.), Cambridge University Press, 1987
Penrose, R., The Emperor's New Mind, Oxford Press, U. K. 1989
Penrose, R., Gravity and quantum mechanics – in General Relativity and Gravitation. Proceedings of the Thirteenth International Conference on General Relativity and Gravitation held at Cordoba, Argentina 28 June–4 July 1992. Part 1: Plenary Lectures (eds. R. J.

Gleiser, C. N. Kozameh und O. M. Moreschi), Institute of Physics Publications, Bristol, 1993
Penrose, R., Shadows of the Mind, Oxford Press, Oxford, U. K., 1994
Penrose, R., On gravity's role in quantum state reduction, 1995
Penrose, R. und Hameroff, S. R., What gaps?, in: Journal of Consciousness Studies 2(2): 99–112
Persinger, Michael A., The Paranormal: Part I – The Patterns, New York, MSS Information, 1974
Persinger, Michael A., Psi Phenomena and Temporal Lobe Activity: The Geomagnetic Factor, in: L. A. Henkel und R. E. Berger (eds.), Research in Parapsychology 1988, Metuchen, NJ, Scarecrow Press, 1989
Persinger, Michael und Schaut, G. B., Geomagnetic Factors in Subjective Telepathic, Precognitive and Post-Mortem Experiences, in: Journal of the American Society for Psychical Research, 82, 1988
Persinger, Michael, ELF Waves and ESP, New Horizons, 1(5), Januar 1975
Peters, J., Einführung in die Allgemeine Informationstheorie, Springer, Berlin-Heidelberg, 1967
Phoenix Dubro, Peggy und David P. Lapierre, Potenziale der inneren Kraft, Koha Verlag, 2002
Physicist in parapsychology, Essays, Hatrol, Moskau, 2002
Poponin, V., The DNA phantom effect: direct measurement of a new field in the vacuum substructure, J. Nanobiology, accepted, 1998
Popp, F. A., Summer School about Consciousness, Academy of Consciousness Studies, Princeton University, June 26–July 9, 1994
Popp, F. A., Evolution as the Expansion of Coherent States, The Interrelationship
Popp, F. A. und Zhang, J. J., Mechanism of interaction between electromagnetic fields and living organisms, in: Science in China (Series C), 43, 2000
Popp, F. A., Leben als Sinnsuche, Elemente des Lebens (H.-P. Dürr, F. A.
Popp und Schommers W. (Hrsg.), Die graue Edition, Kusterdingen, 2000
Popp, F. A. und Yan, Y., Delayed luminescence of biological systems in terms of coherent states, in: Phys. Lett. A 293, 2002

Popper, Karl R. und Eccles, John C., The Self and Its Brain, London, Routledge und Kegan Paul, 1983
Posdzech, Olaf, Protosimplex, Burkhard Heim; http://people.blinx.de/behemoth/protosimplex/protosimplex_d.htm
Presman, A. S., Electromagnetic Fields and Life, trans. by F. L. Sinclair, ed. by F. A. Brown, New York, Plenum Press, 1970
Puschkin, Veniamin, Bestehen Zusammenhänge zwischen Biogravitation und Psychokinese? Vorabdruck aus »Ideen des exakten Wissens«. in: Zeitschrift für Parapsychologie und Grenzgebiete der Psychologie, 1974
Rafelski, J. und Müller, B., Die Struktur des Vakuums: Ein Dialog über das Nichts, Frankfurt a. M. 1985
Rakovic, Dejan, Prospects for Conscious Brain-Like Computers: Biophysical Faculty of Electrical Engineering, Belgrade University P. O. Box 816, 11001 Belgrade, Yugoslavia, mailto:rakovic@buef31.etf.bg.ac.yu
Rasmußen, S., Karampurwala, H., Vaidyanath, R., Jensen, K. S. und Hameroff, S., Computational connectionism within neurons: A model of cytoskeletal automata subserving neural networks, in: Physica D 42: 428–449, 1990
Rein, G., The topology of consciousness, in: TUCSON III conference on consciousness, 1998
Roth, Gerhald, Fühlen, Denken, Handeln, Suhrkamp, 2001
Russell, Bertrand, Mind and Matter, in »Portraits From Memory«, New York, Simon and Schuster, 1956
Ruth, B., in: Electromagnetic Bio-Information, eds. F.-A. Popp et al., 2nd Edition, Urban and Schwarzenberg, 128–143, 1989
Sarfatti, Jack, Theory of Brain Quantum Mechanics an Superstrings by D.V. Nanopoulos of the Center for Theoretical Physics, Department of Physics Texas A&M University; www.hia.com/pcr/nanopoul.html
Sarfatti, Jacob (Jack), Ph. D., Progress in Post-Quanten Theory; www.qedcorp.com/pcr/index.html, 7.08.1999
Sassaroli, E. S., Srivatava,Y, Swain, J. und Widom, E., Macroscopic Quantum Coherence, World Scientific, Singapore-New Jersey, 1998

Schneider, J., Time, the mind/body problem and the semiotic state vector collapse in quantum mechanics, Abstract No. 749, 2001
Schrödinger, E., Mind and Matter, Cambridge, at the University Press, S. 37, 1958
Schutter, Erik, Modelling the cerebellar Purkinje Cell, De Division of Biology, California Institute of Technology, Pasadena, CA 91125, USA. Published in: Progress in Brain Research 102: 417–431, 1994; http://kuifje.bbf.uia.ac.be/TNB/TNB_pub9.html
Senkowski, Ernst, Mentale Unterdrückung des Radioempfangs, Transkommunikation; www.rodiehr.de/a_24_itk_g_43.htm
Senkowski, Ernst, Instrumentelle Transkommunikation
Sheldrake, Rupert, Morphogenetische Felder; www.sheldrake.org
Shimony, A., The reality of the quantum world, Scientific American, 258(1), 1988
Shnoll, S. E., The form of the macroscopic fluctuation spectra depends on the Earth rotation, Biophysics, 1995
Shnoll, S. E., Zenchenko, T. A., Zenchenko, K. I., Pozharskii, V. A., Kolombet V. A. und Kondradov A. A., Regular variation of the fine structure of statistical distributions as a consequence of cosmophysical agents, Uspekhi Fizicheskikh Nauk, Russische Akademie der Wissenschaften, 2000
Sidorov, L., The Imprinting and Transmission of Mentally-Directed Bioinformation, JNLRMI 1(1), Januar 2002; www.emergentmind.org/sidorov_II.htm
Sinha, K. P., Sudarshan, E.C.G. und J. P. Vigier, Superfluid Vacuum Carrying Real Einstein-deBroglie Waves, Phys. Lett. Vol. 114A, 298–300, 1986
Smith, T., Compton Radius Vortex; www.innerx.net/personal/tsmith/TShome.html
Sperry, R.W., The Great Cerebral Commissure, Scientific American, 210, S. 42, 1964
Sperry, R. W., Das Holistische des Mentalen, 1976
Sperry, R. W., Mental Phenomena as Causal Determinants in Brain Function, in G. G. Globus, G. Maxwell und I. Savodnik (eds.), Consciousness and the Brain, New York, Plenum, 1976

Stapp, H. P., Mind, matter and quantum mechanics, New York, Springer, 1982
Stapp, H.P., Quantum propensities and the brain-mind connection, in: Foundations of Physics, Vol. 21, 12, S. 1451, 1991
Stapp, H. P., Why classical mechanics cannot naturally accommodate conciousness but quantum mechanics can?, in: Psyche, Mai 1995, 2(5), 1995
Strzempa-Depre, Michael, Die Physik der Erleuchtung, Goldmann, 1988
Susskind, Leonard, Vernichten Schwarze Löcher Information?, in: Spektrum der Wissenschaft, Juni 1997
Szent-Györgyi, A., Introduction to a Submolecular Biology, Acad. Press, New York/London, 1960
Tart, Charles T., On Being Stoned: A Psychological Study of Marijuana Intoxication, Science and Behavior Books, 1971
Tegmark, Max, Spektrum der Wissenschaft, August 2003
Tegmark, Max und Wheeler, John Archibald, 100 Jahre Quantentheorie, Spektrum der Wissenschaft, April 2001
The Monroe Institute of applied Sciences: The Hemi-Sync Process, Bulletin, Faber/Virginia 22938 USA, Box 175
Tiller, W. A.; Dibble W. E., Jr. und Kohane, M. J., Conscious Acts of Creation: The emergence of a new physics, Pavior Publishing, Walnut Creek, CA, USA, 2001
Tiller, William A., Science and Human Transformation – Subtle Energies, Intentionality and Consciousnes, Pavior Publishing, Walnut Creek, CA, 1997
Vigil, Estrada Juan und Masperi, Luis, Dynamic Cosmological Constant and Relations among Pseudo Goldstone Bosons, hep-ph/9710522, 29. Oktober 1997
Von der Malsburg, C., The Correlation Theory of Brain Function, Internal Report of Max-Planck-Institute for Biophysical Chemistry, Göttingen, Dept. Neurobiology, 81–82, Göttingen, 1981
Von Neumann, J., Mathematische Grundlagen der Quantenmechanik, Berlin, 1986
Von Campenhausen, C., Die Sinne des Menschen, Bd. I: Einführung in die Psychophysik der Wahrnehmung, Stuttgart, 1981

Von Ludwiger, Illobrand, Heim'sche einheitliche Quantenfeldtheorie, Resch Verlag, 1981
Vos, M. H., Rappaport, J., Lambry J. Ch., Breton, J. und Martin, J. L., Visualization of coherent nuclear motion in a membrane protein by femtosecond laser spectroscopy, in: Nature 363: 320–325
Vujièin, P., States of consciousness in esoteric practice, in: D. Rakovic und D. Koruga, eds., Consciousness: Scientific Challenge of the 21st Century, 1995
Wagner, Waltraud, Geist, Energie und Form, Tattva Viveka, Ausgabe Nr. 14
Walleczek, J., Magnetokinetic effects on radical pairs: a possible paradigm for understanding sub-kT magnetic field interactions with biological systems, in: Biological Effects of Environmental Electromagnetic Fields. M. Blank (ed.), Advances in Chemistry No 250 American Chemical society Books Washington D.C., 1995
Warnke, Ulrich, Die geheime Macht der Psyche, Popular Academic Verlags-Gesellschaft, 1998
Warnke, Ulrich, Gehirn-Magie, Popular Academic Verlags-Gesellschaft, 1997
Waser, André, Der Äther in der Naturwissenschaft; www.safeswiss.org/infobereich/publikationen/waser/aetherinder natur=wissenschaft.htm
Wasserburg, G. J., Busso, M. und Gallino, R., Abundances of actinides and shortlived nonactinides in the interstellar medium – diverse supernova sources for the r-process, in: Astrophys. J. 466, L109, 1996
Wassiliew, L. L., Experimentelle Untersuchungen zur Mentalsuggestion, 1965
Wheeler, John Archibald, Einsteins Vision, Springer, 1968
Wheeler, J. A. und Feynman, R. P., Interaction with the absorber as the mechanism of radiation, in: Rev. Mod. Phys. 17, 157, 1945
Wheeler, J. A., Assessment of Everett's »relative state« formulation of quantum theory«, in: Revs. Mod. Phys., 29: 463–465, 1957
Wheeler, J. A., Information, physics, quantum: The search for links, in (W. Zurek, ed.) Complexity, Entropy, and the Physics of Information, Addison-Wesley, 1990

Whitehead, A. N., Process and Reality, corrected edition, edited by D. R. Griffin and D. W. Sherburne, the Free Press, New York, 1978
Wigner, E. P., Remarks on the mind-body question, in: The Scientist Speculates, I. J. Good (ed.), W. Heinemann, London, S. 284–302, 1961
Wigner, E. P., Symmetries and Reflections, Indiana University Press, Bloomington, 1967
Wilber, Ken, The Atman Project, Quest, Wheaton, IL, 1980
Wilson, Robert Anton, Cosmic Trigger, 1986
Wolf, Johannes E., Quantum Metaphysics; http://home.sprynet.com/sprynet/jowolf
Yam, Philip, Das zähe Leben von Schrödingers Katze, in: Spektrum der Wissenschaft, November 1997
Zazerskiy, Alexander, From the Field Model of the Electron to the Unifield Theory; www.ltn.lv/~elefzaze
Zioutas, K., On the living matter sensitivity to dark matter, CERN-PPE, 1991
Zioutas, K., Bioluminescence as a Signature for Dark Matter Reactions, in Current Development in Biophysics, eds., 1992
Zioutas, K., Evidence of dark matter from biological observations, Phys. Lett. B 242, 257, 1990

Informationen über Burkhard Heim

Bearden, T. E.: Giant Negentropy in the Common Dipole, Proc. IC-2000, St. Petersburg, Russland, 2000
DATADIWAN Burkhard Heim: Elementarstrukturen der Materie; www.datadiwan.de/heim
Dröscher, W, Heim, B. Strukturen der physikalischen Welt und ihrer nichtmateriellen Seite, Resch Verlag, 1996, Innsbruck
Eccles, John C.: Wie das Selbst sein Gehirn steuert, München, Piper, 1994
Heim, Burkhard; Einheitliche Beschreibung der materiellen Welt. Informatorische Zusammenfassung von Elementarstrukturen der Materie, Band 1 und Band 2, Resch Verlag Innsbruck

IGW – Institut für Grenzgebiete der Wissenschaft Burkhard Heim: Einheitliche Beschreibung der Welt und Weiteres; http://news.uibk.ac.at/c/cb/cb26/081.html

Libet, Benjamin / Gleason, Curtis A. / Wright, Elwood W. / Pearl, Dennis K. 1983: Time of Conscious Intention to Act in Relation to Onset of Cerebral Activity (Readiness-Potential), Brain 106, 623–642

Mind, Matter and Quantum Mechanics Series: The Frontiers Collection, Stapp, Henry P. 2nd ed., 2004, XII

Penrose, Roger/Hameroff, Stuart 1995: What ›Gaps‹? Journal of Consciousness Studies 2, 99–112

Protosimplex – Die Ideen von Burkhard Heim; http://people.blinx.de/behemoth/protosimplex/protosimplex_d.htm

Schindewolf, Otto H., Basic Questions in Paleontology: Geologic Time, Organic Evolution, and Biological Systematics, 1993, 1. Auflage in deutscher Sprache 1950

Tiller, William A.: Science and Human Transformation, Subtle Energies, Intentionality and Consciousness; Pavior-Publishing, Walnut Creek, California, 1997. Introductory results in quantum electrodynamics, H. B. G. Casimir, Physics (19), 1953, S. 846–849

Travis F., Teece, J., Guttman J.: Cortical plasticity, contingent negative variation, and transcendent experiences during practice of the Transcendental Meditation technique

Von Heisenberg, Werner: Quantentheorie und Philosophie, Vorlesungen und Aufsätze. Herausgeber Jürgen Busche, Reclam, Universal-Bibliothek Nr. 9948 72g

Von Ludwiger, Illobrand: Burkhard Heim – Das Leben eines vergessenen Genies. Scorpio, München 2010

Bildnachweis

Seite 2: Brigitte Bouroyen
Seite 119: Privatarchiv
Seite 181: www.meditation.de

Register

C

D

E

F

G

H

M

N

O

P

Q

R

S

DVDs und Hörbücher

(R)Evolution 2012
Die Menschheit vor einem Evolutionssprung
DVD, nach einer Idee von Dieter Broers
Spielzeit: 96 Min., 21,95 € (D)
ISBN 978-3-9812442-6-7

Dieter Broers –
Leben für ein neues Weltbild
DVD
Spielzeit ca. 90 Minuten
21,95 € (D)
ISBN 978-3-942166-07-2

Weltenwandel Edition
(R)Evolution 2012
Die Menschheit vor einem Evolutionsspru
nach einer Idee von Dieter Broers
6 DVDs und 1 CD
Gesamtspielzeit über 800 Minuten
79,95 €
ISBN 978-3-942166-08-9

von und mit Dieter Broers

Hörbuch
Dieter Broers (R)Evolution 2012
Warum die Menschheit vor einem Evolutionssprung steht
Einführung gesprochen von Dieter Broers
17,95 € / 18,50 (A) / 31,50 (sFr)
3 CDs, Spielzeit ca. 210 min.
ISBN 978-3-942166-18-8

Hörbuch
Dieter Broers Checkliste 2012
Sieben Strategien, wie Sie die Krise in Ihre Chance verwandeln
Einführung gesprochen von Dieter Broers
12,95 € / 13,40 (A) / 20,50 (sFr)
2 CDs, Spielzeit ca. 120 min.
ISBN 978-3-941837-20-1

Hörbuch
Dieter Broers
Meditationen für 2012
Aus dem Buch Checkliste 2012
von Dieter Broers
9,95 € / 10,30 (A) / 15,90 (sFr)
1 CD, Spielzeit ca. 75 min.
ISBN 978-3-941837-24-9